U0338094

劣化及损伤混凝土性能恢复研究

李公产　著

中国矿业大学出版社

·徐州·

内 容 提 要

本书针对多种类型劣化及损伤混凝土性能促进恢复问题,提出了表面涂抹修复剂的方法,对低强混凝土、高温后普通混凝土、高温后早龄期混凝土及受硫酸盐侵蚀混凝土的抗压强度、弹性模量、抗碳化性能和抗氯离子渗透性能等进行了研究,分析了不同条件下劣化混凝土性能的恢复效果及恢复机理,可为低强度及损伤混凝土结构的加固、维修、改造和评估提供参考。

本书适用于混凝土相关性能研究技术人员参考使用。

图书在版编目(C I P)数据

劣化及损伤混凝土性能恢复研究 / 李公产著. — 徐州 : 中国矿业大学出版社,2024.4
ISBN 978 - 7 - 5646 - 6239 - 4

Ⅰ. ①劣… Ⅱ. ①李… Ⅲ. ①劣化-混凝土-性能-研究②损伤(力学)-混凝土-性能-研究 Ⅳ. ①TU528

中国国家版本馆 CIP 数据核字(2024)第 082066 号

书　　名	劣化及损伤混凝土性能恢复研究
著　　者	李公产
责任编辑	吴学兵
出版发行	中国矿业大学出版社有限责任公司
	(江苏省徐州市解放南路　邮编221008)
营销热线	(0516)83885370　83884103
出版服务	(0516)83995789　83884920
网　　址	http://www.cumt.com　E-mail:cumtpvip@cumtp.com
印　　刷	苏州市古得堡数码印刷有限公司
开　　本	787 mm×1092 mm　1/16　印张 11.5　字数 225 千字
版次印次	2024 年 4 月第 1 版　2024 年 4 月第 1 次印刷
定　　价	52.00 元

(图书出现印装质量问题,本社负责调换)

前　　言

　　混凝土自问世至今,在建筑、交通等领域得到了广泛应用,成为构建现代文明大厦的基石之一。然而混凝土结构建成后,在自然环境中受各种物理、化学及生物作用影响,性能会逐渐降低,因混凝土问题而产生的各种事故频繁发生。

　　实际工程中,混凝土制作原材料质量差、配合比不当,施工工艺不规范,混凝土未经标准养护或未按规定制作等都会导致混凝土强度不足;新建混凝土工程设计、施工及管理不当等,会使混凝土结构出现蜂窝、空洞、裂缝等劣化现象;服役阶段受到硫酸盐矿物侵蚀及地下水作用、干湿循环作用等会导致混凝土强度及耐久性降低,使用寿命缩短;一些突发原因如火灾等也会造成混凝土性能降低。因此,对劣化混凝土性能进行促进恢复研究,对钢筋混凝土结构的使用、维修、加固和评估具有重要的理论意义和实际使用价值。

　　本书的主要研究内容如下:

　　(1) 进行了低强混凝土性能促进提高研究。开展了低强混凝土的抗压强度、弹性模量、抗碳化性能和抗渗透性能促进提高试验,分析了混凝土龄期、修复剂用量、静置时间和强度等级对修复剂促进作用的影响规律,分析了修复剂促进提高低强混凝土性能的机理。

　　(2) 进行了高温后普通混凝土性能促进恢复研究。研究了修复剂对高温后普通混凝土抗压强度、弹性模量、抗碳化性能和抗氯离子渗透性能促进的作用,分析了修复剂对改善高温后混凝土性能的机理。

　　(3) 进行了早龄期混凝土高温试验,研究了高温时试块龄期、高温后冷却方式等对早龄期混凝土高温后抗压强度、抗碳化性能和抗渗透性能的影响,通过在高温后试块表面涂抹修复剂试验探讨了修复剂的恢复效果,分析了修复剂对改善早龄期混凝土性能的恢复机理。

(4) 进行了受硫酸盐侵蚀混凝土性能改善研究。通过受硫酸盐侵蚀混凝土抗压强度、抗碳化性能和抗渗透性能改善试验,分析了不同侵蚀时间及静置时间的受硫酸盐侵蚀混凝土性能的变化规律,研究了修复剂对受硫酸盐侵蚀混凝土性能的改善作用,分析了修复剂改善受硫酸盐侵蚀混凝土性能的机理。

限于作者水平,书中的错误和疏漏之处在所难免,敬请广大读者批评指正。

作 者

2023 年 10 月

目　　录

1 绪 论

1.1 课题来源与研究意义

混凝土自问世至今,在建筑、交通等领域得到了广泛应用,成为构建现代文明大厦的基石之一。混凝土作为一种低能耗、低成本、高耐久性的材料,一般可使用 150～200 年[1-3]。然而混凝土结构建成后,在自然环境中受各种物理、化学及生物作用影响,性能逐渐降低,因混凝土问题而产生的各种事故频繁发生[4]。据报道,国内外大量混凝土建(构)筑物未达设计年限就出现表面剥蚀等破坏现象,尤其是海港、桥梁及化工工业建筑等混凝土建(构)筑物,国家不得不花费大量的人力、财力进行修复,甚至拆除重建[5-11]。

实际工程中,混凝土制作原材料质量差、配合比不当,施工工艺不规范,混凝土未经标准养护或未按规定制作等都会导致混凝土强度不足;新建混凝土工程设计、施工及管理不当等,会使混凝土结构出现蜂窝、空洞、裂缝等劣化现象;服役阶段受到的硫酸盐矿物侵蚀及地下水作用、干湿循环作用等也会导致混凝土强度及耐久性降低,使用寿命缩短;一些突发原因如火灾等也会造成混凝土性能降低。

强度和耐久性历来被视为混凝土的两大基本性能[12],它们直接影响到建(构)筑物结构的安全。混凝土强度及耐久性不足或降低,均会导致构件承载力下降,结构的抗裂、抗渗等性能降低,轻则影响建(构)筑物的外观,重则导致建(构)筑物的破坏,危害人们的生命财产安全,带来巨大的经济损失和社会危害。对此,已采取了一系列措施对劣化混凝土结构进行改造,如减少结构荷载、拆除重建等。但以上措施都可能影响结构的正常使用,若拆除重建,会导致资源浪费,引起较大的经济损失。

随科学技术的发展,一些新型材料的出现,使得混凝土性能再提高技术得到进一步的发展,水泥基高性能材料的出现更是给混凝土性能再提高技术带来了新的突破,如新型材料——水性(或水剂)渗透结晶型无机防水材料修复剂,涂刷在混凝土表面后,和混凝土内碱性物质反应,形成枝蔓状的微细颗粒晶体,封闭混凝土的毛细孔和微细裂缝,构成一道内在屏蔽的防水保护,从而增强混凝土的抗压强度和密实度[13-15]。

经众多学者研究,劣化混凝土性能再提高技术已取得长足的进步,但仍然面临许多需要解决的问题。由于混凝土结构面临的自然环境复杂恶劣,加上混凝土材料自身抵抗某些病害的能力不足,由混凝土劣化引起的病害事故仍频繁发生,甚至影响工程的安全使用。可见,劣化混凝土问题已尖锐地摆在人类面前,应引起高度重视。因此开展劣化混凝土性能再提高技术研究,对劣化混凝土进行修复,有效改善混凝土性能,延长建(构)筑物使用寿命,保护环境,节约投资,是十分重要的研究课题。

针对以上问题,对劣化混凝土性能问题提出了表面涂抹修复剂的方法,在试验过程中充分考虑劣化混凝土(低强混凝土、足龄期和早龄期高温后混凝土以及受硫酸盐侵蚀混凝土)的强度等级、龄期、静置时间、温度等因素,分析修复剂对劣化混凝土性能促进恢复作用的影响规律,研究修复剂的促进机理,探讨修复剂在混凝土结构中的应用技术,对钢筋混凝土结构的使用、维修、加固和评估具有重要的理论意义和实际使用价值。

1.2　国内外研究现状

1.2.1　低强混凝土性能提高技术的研究现状

实际工程中,由于种种人为或非人为原因导致混凝土强度较低、耐久性不足,造成建(构)筑物无法满足使用要求,不得不对其进行改造或加固。目前对于低强混凝土性能提高技术的研究还处于起步阶段。

吴秉军、刘松柏等[16-18]通过对原材料的选择和质量控制、配合比设计规范、生产过程的管理等,使混凝土具有良好的施工性能、物理性能和耐久性,达到低强度等级混凝土高性能化的目的。

高杰[19]对采用阻锈剂进行表面处理的低强混凝土试件的耐久性进行了试验研究。研究结果表明:阻锈剂能提高低强混凝土的抗碳化能力和抗氯离子渗透能力。

施海彬等[20]对混凝土强度不足和耐久性降低的原因进行了分析,根据不同情况提出了合理的建议,并给出了相应的处理措施。

苏少华、吴广泽等[21-22]针对实际工程中出现的低强或超低强混凝土结构不满足实际应用的情况,提出了低强或超低强混凝土结构加固的方案。

1.2.2 高温后混凝土性能的研究现状

1.2.2.1 高温对混凝土强度的影响

高温会对混凝土的力学性能造成损伤,这一点已经得到了众多学者的研究证实。李敏等[23]对受火后的混凝土试件进行了抗压强度、抗折强度和劈裂抗拉强度试验,研究表明,混凝土受火后,抗折强度较抗压强度下降更快。图 1-1、图 1-2 为不同强度混凝土在受火后相对残余抗压强度和相对残余抗折强度变化曲线。

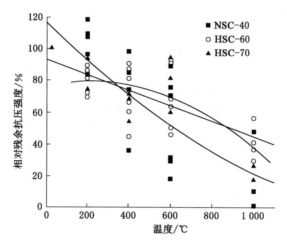

图 1-1 高温与相对残余抗压强度关系

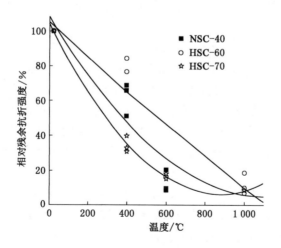

图 1-2 高温与相对残余抗折强度关系

吕天启等[24]研究了高温下混凝土的力学性能指标。研究表明:混凝土受火后的抗压强度与受火温度、静置时间和冷却养护方式有关。

林志明等[25]对高强高性能混凝土在高温下的爆裂破坏机理及影响因素进行了分析,对高强高性能混凝土高温下的力学性能研究进展进行了论述。

M. Ghandehari 等[26]对高强混凝土在高温之后的残余力学性能进行了研究。试验表明,在 600 ℃ 的时候所有试件的力学性能都明显降低。

宿晓萍等[27]将国内外一些学者对高温后混凝土力学性能的试验结果进行了对比分析,得出如下结论:高温后无约束高强混凝土与无约束普通混凝土、高温后约束高强混凝土与约束普通混凝土的力学性能随温度的变化规律均基本一致。

朱玛等[28]对 84 个混凝土试件在常温～1 000 ℃ 的温度作用后进行了轴心抗压强度和劈拉试验,探讨了混凝土抗压强度和抗拉强度在不同受热温度下的变化规律,并建立了简明的数学表达式。

S. Demie 等[29]研究了固化温度和减水剂对自密实聚合物混凝土的和易性及抗压强度的影响。试验结果表明,随着高效减水剂用量的增加,混凝土的抗压强度随之增加。固化温度低于 70 ℃ 的时候抗压强度也是增加的,但是超过了 70 ℃ 后抗压强度就逐渐降低。

F. M. Khalaf 等[30]研究了砖骨料混凝土的高温后性能,研究表明,砖骨料混凝土和花岗岩混凝土高温后性能大体一致,甚至优于花岗岩混凝土。

吕天启等[31]通过 X 射线衍射分析及扫描电镜观察,研究了经高温、冷却并静置若干时间后混凝土物相及微观形貌变化情况,探讨了火灾高温静置后混凝土抗压强度变化的原因。结果表明:高温静置后,混凝土的力学性能发生了明显变化。

肖建庄等[32]完成了 127 块 100 mm×100 mm×515 mm 混凝土棱柱体试块在 20～900 ℃ 条件下的高温试验和高温后的弯折试验,分析得出了高性能混凝土高温后残余抗折强度与经历温度之间的相互关系。

阎慧群[33]对高温(火灾)作用后混凝土材料力学性能进行了研究。研究表明:混凝土的抗压强度会随着温度的升高而逐渐降低,300 ℃ 后衰减迅速;冷却方式对混凝土的抗压强度有大的影响,浇水冷却的混凝土抗压强度低于自然冷却的混凝土抗压强度。

H. Yang 等[34]利用脉冲超声波速来定量测量高温后混凝土的残余强度。结果表明:混凝土的水灰比对其高温后剩余强度和超声波速影响不大。

1.2.2.2 高温对混凝土弹性模量的影响

吕天启等[24]综合考虑受火温度、冷却及养护方式和静置时间等因素对混凝土性能的影响,通过大量试验,研究了高温后静置混凝土的抗压强度、弹性模量和应力-应变关系等力学性能随上述各因素的变化规律,经研究发现混凝土弹性模量随温度的升高而降低。

邵伟等[35]采用液压伺服试验系统对经历不同温度、不同加热时间作用后的混凝土力学性能进行了试验研究。结果表明:高温后,混凝土的力学性能随温度的升高而劣化,表现为随着受热温度的升高、加热时间的延长,混凝土的弹性模量降低。

马保国等[36]研究了不同矿物掺合料制备的盾构管片混凝土在高温作用下的性能。结果表明:不同掺合料的混凝土到耐火极限后冷却 36 h 的物理力学性能损失率相近,抗压强度损失率约为 50%,弹性模量损失率约为 40%。

王文兵等[37]对混凝土在高温和常温时力学性能进行试验对比,分析了高温下的混凝土抗压强度、抗拉强度、弹性模量、应力-应变关系等力学性能的影响因素及变化规律。图 1-3 给出了高温时混凝土弹性模量的变化情况。

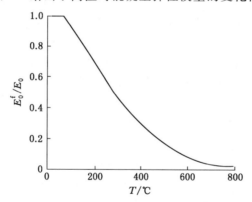

图 1-3　混凝土弹性模量与温度的变化关系

王爱军[38]利用了混凝土动、静三轴试验系统,对混凝土在常温 20 ℃以及经过 200~600 ℃高温作用等几种环境下开展了力学性能试验。结果显示:随着温度的不断增加,弹性模量呈现线性降低的趋势。

A. S. Tian 等[39]研究了高温温度和加热时间对混凝土性能的影响。试验结果表明:弹性模量随着高温温度的增加而逐渐降低,在同一温度下加热时间越长,混凝土弹性模量的降低就越明显。

A. Noumowe[40]对高强混凝土高温后的性能进行了试验研究。通过 SEM (电镜扫描)分析表明聚丙烯纤维混凝土加热到 170 ℃的时候纤维即开始融化、挥发,在混凝土内部增加了额外的孔隙。分析认为混凝土抗压强度和弹性模量等力学性能的降低也是由于聚丙烯纤维的融化而导致的。

宋百姓等[41]对高温后混凝土的弹性模量变化及其机理进行了研究,研究发现在高温作用下混凝土的弹性模量剧烈下降,在900 ℃时弹性模量很小甚至可以忽略不计。

Q. B. Travis 等[42]研究指出混凝土高温后透气性指数(API)会增加而其弹性模量 E 会降低。研究表明,当聚合物混凝土经受的温度低于 250 ℃的时候其力学性能优于普通混凝土。

H. Sabeur 等[43]对恒定负荷、高温至 400 ℃条件的高强混凝土弹性应变和杨氏模量的变化进行了研究,重点研究了加热速率对混凝土弹性应变和杨氏模量的影响。研究表明:加热速率越快混凝土的弹性模量和杨氏模量下降越迅速。

1.2.2.3 高温对混凝土耐久性能的影响

高温除了对混凝土力学性能有严重的影响外,对混凝土的耐久性也会造成重大损害,这一问题得到了越来越多学者的重视[44-45]。李敏等[46]通过氯离子、水与空气 3 种不同介质对高强混凝土受火后抗渗透性能衰减规律进行了研究。结果表明:3 种渗透系数都能很好地反映高强混凝土高温后渗透性变化;混凝土的受火温度升高,渗透系数增加。

张奕等[47]通过研究指出由于火灾的高温和含氯烟雾作用,混凝土结构存在严重氯离子侵蚀问题。在此基础上作者引入混凝土结构内部温度场分布理论,来评估火灾后混凝土结构碳化剩余寿命。

黄战等[48]研究了混凝土材料在遭受火灾后,内部结构的劣化机理以及由此而导致的材料耐久性损伤,提出了在设计混凝土结构时减少火灾对耐久性损伤的方法及火灾后耐久性的评估方法与加固措施。

W. Zi 等[49]基于混凝土结构的大气条件,结合工程实例给出了火灾后混凝土结构耐久性失效时间和标准的计算方法。

P. Nath 等[50]研究了粉煤灰混凝土中的粉煤灰掺量对混凝土力学性能和耐久性能的影响。结果表明:掺入粉煤灰代替部分水泥可以明显改善混凝土的耐久性能。

黄玉龙等[51]研究了火灾高温对 PFA 混凝土强度及耐久性的影响。试验结果表明:经 250 ℃暴露后,混凝土强度均有不同程度提高,其抵抗氯离子渗透性能均变差;经 450 ℃高温后,除了大掺量 PFA 混凝土,其余 3 种混凝土的强度均已下降。

张奕[52]对火灾后混凝土结构耐久性进行了研究,研究发现火灾会对混凝土结构的耐久性造成不可忽视的影响,提出了要重点评估火灾之后混凝土耐久性的建议。图 1-4 给出了反映不同种类混凝土耐久性能的 ASTM C1202 指标随温度变化的曲线关系。

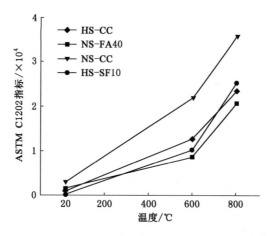

图 1-4 各种混凝土的 ASTM C1202 指标随温度变化的曲线关系

资伟等[53]研究了火灾后混凝土结构碳化并预测了混凝土的寿命。

孙洪梅等[54]研究了以高铝水泥为胶结材料,以陶粒、耐火砖块、陶砂等为骨料配制的 4 种耐火混凝土,研究火灾高温后强度及氯离子渗透性的变化。试验表明,在慢速升温的条件下,不同骨料的高铝水泥耐火混凝土强度均有所下降,经高温后耐火砖混凝土、陶砂陶粒混凝土和普砂陶粒混凝土较普通混凝土表现出良好的耐火性能。

K. Torii 等[55]研究了高强粉煤灰混凝土的耐久性能。粉煤灰掺量为 50%,将试块浸泡在 Na_2SO_4 的溶液中定期来检测其各项性能。经过两年的测试发现,带有黏结剂的粉煤灰混凝土可以很好地抑制硫酸盐进入混凝土内部,其耐久性能没有降低的迹象。

C. S. Poon 等[56]对掺有硅灰、粉煤灰和高炉矿渣的普通混凝土及高强混凝土的高温(800 ℃)后性能进行了试验研究。试验结果表明:掺有硅灰的混凝土高温后其渗透率要比其抗压强度下降得更加明显。粉煤灰掺量为 30%和高炉矿渣掺量为 40%的混凝土比普通混凝土高温后表现出了更好的耐久性。

1.2.3 受硫酸盐侵蚀混凝土性能的研究现状

受硫酸盐侵蚀混凝土的性能,一直是混凝土耐久性研究中的重要组成部分。基于此,广大学者对混凝土硫酸盐侵蚀机理以及改善措施等进行了广泛研究,主要研究有:

刘芳[57]研究了表面成膜型涂料对混凝土保护层性能的影响。结果表明:涂抹涂料后混凝土吸水率下降,抗碳化和抗氯离子渗透性能提高。

吕林女[58]通过分析混凝土硫酸盐侵蚀反应类型,阐明了混凝土受硫酸盐侵蚀的侵蚀机理,探讨了影响混凝土侵蚀的因素,并提出了提高混凝土抗硫酸盐侵蚀能力的途径。

巩鑫[59]对混凝土抗硫酸盐侵蚀进行了试验研究,对不同类型溶液中混凝土抗硫酸盐侵蚀的评定指标进行了筛选,得出了不同溶液浓度对混凝土硫酸盐侵蚀过程的影响,以及不同水灰比、水泥用量和粉煤灰掺量对混凝土抗硫酸盐侵蚀性能的影响。

方祥位、吴长发、李秀娟、金祖权等[60-63]对混凝土硫酸盐侵蚀机理及抗硫酸盐侵蚀测试方法进行了研究,揭示了硫酸盐侵蚀混凝土的侵蚀机理,并对现有的抗硫酸盐侵蚀测试方法进行了分析比较。

1.2.4 修复材料提高混凝土性能的研究现状

随着科技的进步及混凝土性能研究的不断深入,学者们发现混凝土建筑涂料的出现和发展给混凝土性能再提高技术带来了新的发展与突破。伴随着新型材料的发展,在各种环境情况下的混凝土耐久性提高技术也得到迅速发展[64],主要表现在以下方面:

张文渊[65]介绍了针对早期建筑的混凝土桥梁破坏情况,采用 H_{52}-S_4 环氧厚装涂料进行封闭保护、防腐处理的施工方法及施工工艺,并对施工中应注意的有关事项提出了合理的建议。

石亮等[66]研究了聚合物涂层涂覆后混凝土抗碳化性能的变化,分析了涂层材料的使用引起的水泥石水化程度、表面微裂纹及毛细孔结构改变对碳化反应的影响。结果表明:聚合物涂层可以抑制水泥石表面裂缝的产生,增强水泥石的抗碳化能力。

李娜等[67]探讨了混凝土修补胶的作用机理,阐述了混凝土修补胶的施工工艺,从而降低了巨额的维修和重建费用。

黄微波等[68]研究了聚氨酯涂层、聚脲涂层对混凝土氯离子渗透性的影响以及氯离子扩散规律。研究结果表明:聚氨酯涂层和聚脲涂层可以有效降低混凝土的氯离子渗透性和扩散系数,从而显著提高混凝土的耐久性。

黄淑贞等[69]已初步制备出用于修补水下混凝土结构裂缝的高性能注浆材料,得出修补材料可以有效地修补试块中的裂缝,进而提高试块的耐久性。

刘芳等[70]主要研究了涂料品种、涂刷用量对掺粉煤灰混凝土抗碳化性能的影响,表明在混凝土表面涂刷合适的涂料能够提高混凝土的抗碳化性能。

张伟、畅亚文、朱桂红等[71-73]研究了疏水型改性有机硅涂料对混凝土耐久性的影响,研究表明改性有机硅涂料可改善混凝土表面质量,提高混凝土耐久性。

萧以德等[74]通过混凝土抗碳化性能试验,得出了以水性氟碳涂层作为面涂层的涂装体系可以提高钢筋混凝土建筑的防护能力。

李悦等[75]通过试验研究了水泥基渗透结晶型材料对混凝土的修复效果。结果表明:水泥基渗透结晶型材料可以对混凝土构件起到补强堵漏的作用。

吉伯海等[76-78]分别进行了经裂缝修复材料处理的混凝土试件耐化学侵蚀和抗冻融性能试验,得出裂缝修复材料对混凝土碱集料膨胀反应起到抑制作用的结论。

吴建华等[79]通过在普通混凝土和粉煤灰混凝土不同水化阶段涂抹渗透结晶材料的试验,得出渗透结晶型涂料在早期水化阶段涂刷比已碳化后对混凝土进行修补效果更好的结论。

韩雪莹等[80]通过在混凝土表面涂刷水泥基渗透结晶型防水材料试验,发现水泥基渗透结晶型防水材料可以提高混凝土内部的密实性,增强混凝土的抗渗性。

孙学志[81-82]等对混凝土表层涂刷四类不同涂料进行研究,得出涂抹涂料试件的抗碳化性能好于未涂抹的试件,且涂层越多抗碳化性能越好。

余剑英、王桂明[83-85]研究了渗透结晶型防水材料对混凝土宏观裂缝自愈合性能的影响。结果表明:渗透结晶型防水材料对混凝土初期裂缝的产生有一定的抑制作用,并赋予混凝土优良的裂缝自愈合性能。

陶新明等[86]研究了无机水性渗透结晶型高效防护剂对混凝土耐久性的影响。结果表明:浸泡或涂刷高效防护剂后,混凝土的抗渗、抗碳化等性能都得到了明显提高,还指出对强度等级相对较低的混凝土而言,浸泡效果优于涂刷效果。

梁晓烨[87]通过试验研究了水性渗透型无机防水剂对混凝土耐久性的影响,并进行了工程实际应用,为推进水性渗透型无机防水剂的实际应用提供了依据。

石正国等[88]对比研究了四种混凝土抗压强度、扩散系数性能的变化,结果表明涂抹渗透结晶材料可以改善混凝土的耐久性。

胡春红等[89]通过采用变硬化水泥基复合材料对劣化混凝土结构进行修复的试验,表明SHCC可有效解决脆性的水泥基修复材料短期内再次开裂而导致的反复修补状况,显著延长严酷环境既有混凝土结构的使用寿命。

邓德华、黄波等[90-91]介绍了混凝土用深度渗透密封剂的组成与特性,通过在混凝土表面不同部位喷涂深度渗透密封剂的试验,研究了其对硫酸盐环境中混凝土的抗渗透性能、抗物理盐结晶性能以及抗化学腐蚀性能的影响。

Q. T. Li 等[92-93]主要研究了加热温度、冷却方式及静置时间对高温破坏混凝土抗压强度和抗碳化性能的影响。研究结果表明:不论在何种冷却方式下混凝土的碳化深度都随温度的升高而增加,表面涂抹改性剂可以改善高温混凝土的抗碳化性能和抗压强度。

A. A. Almusallam 等[94]通过吸水试验、氯离子渗透和扩散试验研究了覆盖层材料对混凝土耐久性的影响。结果表明:环氧型和聚酯型材料对混凝土耐久性的改善作用优于丙乙烯聚合物和氯化橡胶。

M. Ibrahim 等[95]研究了硅烷、硅氧烷、丙烯酸等表面处理材料对减少氯离子诱导混凝土腐蚀作用的影响。

H. Y. Moon 等[96]提出了使用无机表面处理材料来提高混凝土耐久性能。

M. Ibrahim 等[97]研究了混凝土表面处理材料硅烷、硅氧烷等对防止混凝土受硫酸盐侵蚀、碳化和氯离子侵蚀的作用。结果表明:混凝土表面处理材料硅烷、硅氧烷等对混凝土抵抗硫酸盐侵蚀、碳化和氯离子侵蚀起到较好的作用。

D. W. S. Ho 等[98]通过试验证明混凝土表面处理材料对混凝土抗碳化性能的影响不仅仅与表面处理材料有关,涂抹和养护方式带来的影响同样很重要。

C. K. Y. Leung 等[99]研究了聚合物表面处理材料对混凝土抵抗外界离子侵蚀的作用。结果表明:在混凝土表面喷涂聚合物材料可以保护混凝土结构。

M. Mobin 等[100]研究了海滨环境下聚氨酯涂料对混凝土性能的影响。结果表明:表面涂抹聚氨酯涂料可以提高混凝土的抗氯离子渗透性能,但有荷载作用时,涂料从混凝土表面的脱落是聚氨酯涂料在应用过程中的一大弊端。

R. N. Swamy 等[101]指出混凝土表面涂抹材料对混凝土和钢筋均有有效的保护作用,同时还可以提高混凝土和钢筋的耐久性。

R. S. Gíslason[102]提出在建筑物外墙涂抹低渗透性材料来阻止水分渗入混凝土中,并指出这种材料可以让建筑物有效"呼吸",建筑物混凝土内的水蒸气通过自己的方式释放入大气中,而不是储存在低渗透性材料内。

N. I. Fattuhi[103]通过快速碳化试验研究了不同水灰比、表面有无涂层以及水化阶段对混凝土碳化程度的影响。结果表明:混凝土的碳化深度随水灰比的增大而增加,表面涂层可以降低混凝土的碳化深度,混凝土养护时间的延长对碳化深度的降低有较大影响。

1.3   目前存在的问题

目前国内外对混凝土性能再提高技术进行了一系列的研究,尤其是对于普通混凝土抗压强度、抗碳化、抗氯碱盐侵蚀等性能研究取得了一定的成果,但是

对于一些劣化混凝土,如受硫酸盐侵蚀混凝土、高温后混凝土、低强混凝土等性能再提高的研究较少,主要存在以下问题:

(1) 低强混凝土由于制作等原因造成的抗压强度及耐久性不满足使用要求,性能再提高技术需要得到进一步的研究。

(2) 高温后混凝土(足龄期)力学性能会遭到严重损伤,但对于人工促进恢复高温损伤混凝土力学性能方面的研究少见报道。

(3) 早龄期混凝土高温后性能以及在修复材料作用下其抗压强度及耐久性等性能的恢复研究较少。

(4) 混凝土受硫酸盐侵蚀的原因与机理已得到一些学者的研究,但对于混凝土受硫酸盐侵蚀所带来的强度及耐久性降低等问题,缺乏相应的性能改善方法。

(5) 修复剂对劣化混凝土性能提高的机理研究几乎处于空白阶段。

(6) 不同修复剂提高劣化混凝土性能的试验缺少系统研究,展开不同修复剂对劣化混凝土性能提高试验研究对修复剂在工程中的广泛推广应用有一定的现实意义。

(7) 对于实际工程中修复剂的用量及施工方法缺少相应的研究,得出修复剂的最佳用量以及最佳涂抹时间对实际工程的施工等具有很好的工程意义。

(8) 采用修复剂对结构或构件的性能影响需要进一步研究,以期对实际工程应用有一定的实践指导作用。

1.4　主要研究内容

针对目前存在的问题,本书主要进行了以下几个方面的研究:

(1) 低强混凝土性能促进研究。通过在混凝土试块表面涂抹修复剂试验,对比分析不同强度等级(C25 和 C18)、修复剂用量($0.3 \ kg/m^2$、$0.6 \ kg/m^2$、$0.9 \ kg/m^2$)、涂抹时间(3 d、7 d、14 d 和 28 d)及 28 d 混凝土涂抹后的不同静置时间(7 d、14 d 和 28 d)等因素对低强混凝土抗压强度、抗碳化性能、弹性模量以及抗渗透性能等的影响规律。

(2) 高温后混凝土(足龄期)性能促进恢复研究。通过在高温后混凝土试块表面涂抹修复剂试验,研究高温温度(200~600 ℃)、冷却方式(喷水冷却和自然冷却)、高温后静置时间(28 d、90 d)和修复剂用量($0 \ kg/m^2$ 和 $0.3 \ kg/m^2$)对高温后不同强度等级混凝土(C20、C35、C60)抗压强度、弹性模量、抗碳化性能以及抗渗透性能的影响规律。并利用扫描电镜(SEM)、X 射线荧光分析技术(XRF)和 X 射线衍射(XRD)等微观分析技术,对混凝土高温前后及是否使用修复剂的混凝土的微观结构变化、组成元素变化及物相变化进行分析,分析修复剂对高温损伤混凝土的修复机理。

(3)早龄期混凝土高温后性能恢复研究。通过在高温后混凝土试块表面涂抹修复剂试验,研究受火龄期(3 d、7 d、14 d 和 28 d)、高温温度(200～600 ℃)、冷却方式(喷水冷却和自然冷却)、高温后静置时间(28 d、35 d、42 d 和 56 d)和修复剂用量(0 kg/m^2 和 0.3 kg/m^2)对早龄期高温后混凝土抗压强度、抗碳化性能以及抗渗透性能的影响规律。

(4)受硫酸盐侵蚀混凝土性能的改善研究。通过在受硫酸盐侵蚀混凝土表面涂抹修复剂的方法来改善受硫酸盐侵蚀混凝土的性能,试验中考虑不同侵蚀时间(30 d、60 d 和 90 d)、修复剂用量(0 kg/m^2 和 0.3 kg/m^2)及涂抹修复剂后的静置时间(7 d、28 d、56 d)等因素,对比分析修复剂改善受硫酸盐侵蚀混凝土性能的影响规律。

(5)通过不同修复剂对劣化混凝土性能促进改善对比试验,得到促进或改善混凝土性能的最佳修复剂及其用量。

(6)在前述问题研究的基础上,为修复剂在实际工程中的应用提供一定的建议。

2 低强混凝土性能促进提高研究

2.1 引言

实际建筑施工过程中,各种人为或非人为的原因会导致混凝土结构或构件的抗压强度、抗渗透性能等较低而无法满足实际工程的要求,因此采用人工的方法促进提高低强混凝土性能的研究具有重要的意义。为此本章提出了在混凝土表面涂抹修复剂的方法来提高低强混凝土性能,并考虑涂抹龄期、修复剂用量和静置时间等因素对修复剂促进提高低强混凝土抗压强度、弹性模量、抗碳化性能以及抗渗透性能的影响规律。

2.2 低强混凝土抗压强度的促进提高研究

2.2.1 试验概况

2.2.1.1 试验目的

通过在低强混凝土表面涂抹修复剂的试验,得出强度等级、混凝土龄期、静置时间和修复剂用量等因素对修复剂促进提高低强混凝土抗压强度的影响规律。

2.2.1.2 试验材料

(1)试验原材料

试验所需原材料见表 2-1,混凝土配合比见表 2-2。

表 2-1 混凝土所用原材料一览表

材料	参数
水泥	淮海中联 P·C 32.5
细集料	细砂

表2-1(续)

材料	参数
粗集料	石灰岩,5.0～16.0 mm粒径骨料
水	自来水

表 2-2　混凝土配合比

混凝土 强度等级	混凝土配合比 (水泥：水：砂子：石子)	用量/(kg/m³)				砂率
		水泥	水	砂子	石子	
C18	1∶0.78∶3.02∶4.34	250.00	195.00	754.37	1 085.56	41%
C25	1∶0.65∶2.58∶3.87	285.00	185.00	734.54	1 101.81	40%

根据表 2-2 制作 100 mm×100 mm×100 mm 标准立方体试块,24 h 后拆模,20 ℃±2 ℃水中养护 28 d 后,分别测得两种配合比下混凝土抗压强度为 18.62 MPa 和 27.65 MPa。

(2) 修复剂

DPS(deep penetration sealer)是水基渗透结晶型材料的一种通俗简称,自 20 世纪 90 年代进入中国,并开始在国内的一些工业和民用的混凝土构筑物上使用。它的优点是:与混凝土中的游离碱发生化学反应,能有效地堵塞混凝土内部微细裂缝和毛细孔隙,使混凝土结构具有更好的密实度。

目前市面存在国产 L 型、国产 B 型、国产 O 型以及进口 J 型等修复剂,主要参数及特性见表 2-3。根据已有试验研究,对于低强混凝土性能提高促进效果来说,L 型修复剂的促进提高效果最好,故本章试验采用 L 型修复剂。

表 2-3　修复剂简介

修复剂类型	固含量/%	密度/(g/cm³)	pH 值	颜色	外观	黏稠状态
国产 B 型	30.7	1.168	11.80	无色	液态	略黏稠
国产 L 型	15.8	1.04	11.18	无色	液态	不黏稠
国产 O 型	20.4	1.104	11.40	无色	液态	不黏稠
进口 J 型	33.7	1.212	11.28	无色	液态	黏稠

2.2.1.3　试件分组

试验中主要考虑了强度等级、混凝土龄期、修复剂用量以及 28 d 混凝土涂抹后的静置时间等因素。试验的考虑因素见表 2-4。

表 2-4　试验考虑因素

混凝土强度等级	考虑因素	
C18	混凝土龄期	3 d、7 d、14 d 和 28 d
	修复剂用量	0 kg/m²、0.3 kg/m²、0.6 kg/m²、0.9 kg/m²
	28 d 混凝土涂抹后静置时间	7 d、14 d 和 28 d
C25	混凝土龄期	3 d、7 d、14 d 和 28 d
	修复剂用量	0 kg/m²、0.3 kg/m²
	28 d 混凝土涂抹后静置时间	7 d、14 d 和 28 d

表 2-5 列出了试块分组。

表 2-5　试块分组

试件编号	强度等级	修复剂用量/(kg/m²)	修复剂涂抹时间/d	静置时间/d
X25-03	25	0	—	3
X25-07		0	—	7
X25-14		0	—	14
X25-28		0	—	28
X25-28-07		0	—	35
X25-28-14		0	—	42
X25-28-28		0	—	56
X25-03-0.3		0.3	3	25
X25-07-0.3		0.3	7	21
X25-14-0.3		0.3	14	14
X25-28-07-0.3		0.3	28	7
X25-28-14-0.3		0.3	28	14
X25-28-28-0.3		0.3	28	28
X18-03	18	0	—	3
X18-07		0	—	7
X18-14		0	—	14
X18-28		0	—	28
X18-28-07		0	—	35
X18-28-14		0	—	42
X18-28-28		0	—	56

表 2-5(续)

试件编号	强度等级	修复剂用量/(kg/m²)	修复剂涂抹时间/d	静置时间/d
X18-03-0.3		0.3	3	25
X18-03-0.6		0.6	3	25
X18-03-0.9		0.9	3	25
X18-07-0.3		0.3	7	21
X18-07-0.6		0.6	7	21
X18-07-0.9		0.9	7	21
X18-14-0.3		0.3	14	14
X18-14-0.6	18	0.6	14	14
X18-14-0.9		0.9	14	14
X18-28-07-0.3		0.3	28	7
X18-28-07-0.6		0.6	28	7
X18-28-14-0.3		0.3	28	14
X18-28-14-0.6		0.6	28	14
X18-28-28-0.3		0.3	28	28
X18-28-28-0.6		0.6	28	28

注:① 试块编号采用 X18-03-0.3,X 表示不同强度等级混凝土试验,后面数字分别代表强度等级、修复剂涂抹时间、修复剂用量;其中 X18-28-28-0.3,表示混凝土龄期为 28 d,涂抹修复剂后再静置 28 d。

② 静置时间:对于无修复剂试块表示混凝土龄期,对于涂抹修复剂的表示涂抹修复剂之后的静置时间。

2.2.2 试验过程

2.2.2.1 试验装置

试验加载装置采用中国矿业大学力学与土木工程学院 YAW-3000 微机控制电液伺服压力试验机,加载速率控制在 0.3~0.5 MPa/s。

图 2-1 和图 2-2 分别给出了试验加载装置图及试块加载图。

2.2.2.2 试验内容

(1)混凝土抗压强度

按照表 2-2 中设计的配合比配置好混凝土后,浇筑 100 mm×100 mm× 100 mm 的标准立方体试块,24 h 后拆模,水中养护 3 d、7 d、14 d、28 d、35 d、42 d 和 56 d 后,在 YAW-3000 微机控制电液伺服压力试验机上进行加载。试验步骤如下:

图 2-1　YAW-3000 微机控制电液　　　　图 2-2　加载中的试块
　　　　伺服压力试验机

① 将试块表面擦拭干净,放在压力机上,其中试块浇筑面不可以作为承压面,开启压力机编程后对试块进行加载,见图 2-2。

② 加载速率为 0.3 MPa/s(C18)或 0.5 MPa/s(C25),加载至试件破坏,读取破坏荷载。

(2) 涂抹修复剂后试块抗压强度

根据试验设计在不同龄期的混凝土表面涂抹修复剂,步骤如下:

① 试块达到养护龄期时,取出晾干,第二天进行修复剂的涂抹;

② 用毛刷将待涂抹修复剂试块的每个表面刷干净,称其质量(图 2-3)并记录为 $m_前$,然后浸入盛有修复剂的容器,每个面在修复剂中浸泡 5 s 后取出(图 2-4),待其表面无修复剂滴下时,称其质量并记录为 $m_后$;

③ 根据试块浸泡前、后质量 $m_前$ 和 $m_后$ 计算质量差,得出混凝土试块吸收修复剂质量 $m_差$;

④ 重复 ②、③ 步骤,直至达到目标质量 $m,m = \sum m_差$。

将涂抹修复剂试块静置至一定时间后,进行抗压强度测试,并记录试验数据。

2.2.3　试验结果与分析

混凝土立方体抗压强度应按式(2-1)计算:

$$f_{cu,k} = \frac{F}{A} \tag{2-1}$$

图 2-3　试块质量称量

图 2-4　涂抹修复剂后静置中试块

式中　$f_{cu,k}$——混凝土试件抗压强度,MPa;

　　　F——试件破坏荷载,N;

　　　A——混凝土试件承压面积,mm^2。

试验中混凝土抗压强度测试及强度值确定按照《混凝土物理力学试验方法标准》(GB/T 50081—2019)进行。

2.2.3.1　混凝土抗压强度

表 2-6 给出了 C18 和 C25 混凝土不同龄期试块的抗压强度。

表 2-6　混凝土抗压强度

试块编号	抗压强度/MPa	试块编号	抗压强度/MPa
X18-03	12.6	X25-03	18.6
X18-07	15.8	X25-07	22.7
X18-14	18.3	X25-14	26.5
X18-28	18.6	X25-28	27.6
X18-28-07	20.4	X25-28-07	31.3
X18-28-14	22.5	X25-28-14	32.2
X18-28-28	24.3	X25-28-28	34.0

图 2-5 给出了 C18 和 C25 混凝土抗压强度随龄期的变化趋势。

由表 2-6 和图 2-5 可知:C18 和 C25 混凝土抗压强度随龄期的增长而增长,前期增长较快,后期增长速度逐渐趋于平缓,即 3 d 时抗压强度达 28 d 的 68%,7 d 时为 28 d 的 85%,14 d 时为 28 d 的 98%,基本达 28 d 抗压强度。主要是因

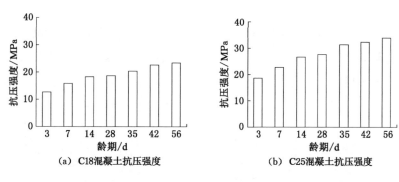

图 2-5 混凝土抗压强度与龄期的关系

为浇筑混凝土 3 d 后,混凝土内部水化反应迅速,抗压强度迅速增长,7 d 时完成大部分水化,14 d 时抗压强度继续增长,基本达到 28 d 强度,因为此时混凝土内部水化已基本完成,故在 14~28 d 之间增长速度较慢。28 d 后随龄期增长,微裂缝的自愈合使混凝土更加密实,混凝土抗压强度提高。

2.2.3.2 涂抹修复剂后混凝土抗压强度

表 2-7 给出了 C18 和 C25 混凝土涂抹修复剂后的抗压强度。

表 2-7 涂抹修复剂后混凝土抗压强度

混凝土强度等级	试块编号	涂抹修复剂后抗压强度/MPa	混凝土强度等级	试块编号	涂抹修复剂后抗压强度/MPa
C18	X18-03-0.3	22.8	C18	X18-14-0.9	22.6
	X18-03-0.6	23.4		X18-28-07-0.3	25.9
	X18-03-0.9	23.3		X18-28-07-0.6	27.2
	X18-07-0.3	22.8		X18-28-14-0.3	26.3
	X18-07-0.6	23.0		X18-28-14-0.6	27.1
	X18-07-0.9	21.4		X18-28-28-0.3	27.3
	X18-14-0.3	23.1		X18-28-28-0.6	29.7
	X18-14-0.6	21.5			
C25	X25-03-0.3	28.3	C25	X25-28-07-0.3	31.5
	X25-07-0.3	28.2		X25-28-14-0.3	36.0
	X25-14-0.3	29.5		X25-28-28-0.3	36.9

(1) C18 混凝土

1) 早期涂抹修复剂

① 修复剂涂抹时间的影响

图 2-6 给出了修复剂涂抹时间对促进提高 C18 混凝土抗压强度的影响。图中提高率是指涂抹修复剂试块抗压强度和未涂抹修复剂试块抗压强度之差与未涂抹修复剂试块抗压强度的比值。

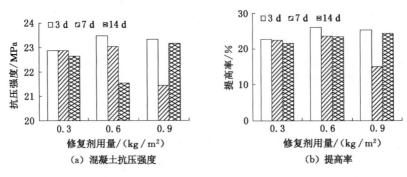

（a）混凝土抗压强度　　（b）提高率

图 2-6　涂抹时间对修复剂促进 C18 混凝土抗压强度的影响（早龄期）

从图 2-6 中可以看出，修复剂用量相同时，在 3 d、7 d 和 14 d 龄期混凝土表面涂抹修复剂静置至 28 d 时混凝土抗压强度随涂抹时间的增长而略呈减小趋势，但差值不大。当修复剂用量为 0.3 kg/m² 时静置至 28 d 的抗压强度分别为 22.8 MPa、22.8 MPa、22.6 MPa；当修复剂用量为 0.6 kg/m² 时，抗压强度分别为 23.5 MPa、23.1 MPa、21.5 MPa。

原因分析：在混凝土表面喷涂修复剂后，修复剂通过混凝土中的毛细孔缝渗入表层，修复剂中的碱活性组分与混凝土中的 $Ca(OH)_2$ 发生反应，形成不溶性的硅酸盐凝胶或尺寸很微小的水化物晶体。修复剂的渗透与反应，减少了表层内 $Ca(OH)_2$ 含量，增加了硅酸盐水化物含量，并形成微小水化物粒子填塞毛细孔缝，表面层的组成与微细结构发生变化，此外停留在混凝土表面的修复剂，起到类似保护膜的密封作用，有效阻止表面水分的蒸发，突出表现就是混凝土更加密实，孔隙率下降，从而改善并提高混凝土的性能。

修复剂对混凝土性能的改善效果取决于修复剂在混凝土中的渗透深度和其与 $Ca(OH)_2$ 的反应程度。3 d 涂抹时，混凝土未水化程度较高，内部毛细孔缝较多、较大，有利于修复剂的渗透，此时水泥的水化不够，内部 $Ca(OH)_2$ 不足，但随时间的增长，水泥继续水化，产生越来越多的 $Ca(OH)_2$，渗入的修复剂与其反应，促进抗压强度的发展；7 d 涂抹时，混凝土内部水泥水化产生大量的 $Ca(OH)_2$，内部仍有较多连通的毛细孔缝，既利于修复剂的渗透，又利于修复剂与混凝土进行化学反应；14 d 涂抹时，水泥水化程度很高，产生的 $Ca(OH)_2$ 足够与渗透的修复剂反应，故此时修复剂与混凝土内部水化物质的反应起主要作用。此外,3 d涂抹静置至28 d时,有较长的时间供修复剂的渗透和与水化物质的反应,故虽3 d时水化程度较低,但静置时间较长,所以在3个不同龄期涂抹修复剂静置至28 d时混凝土抗压强度基本一致,无较大差别。

② 修复剂用量的影响

图2-7给出了修复剂用量对促进提高C18混凝土抗压强度的影响。

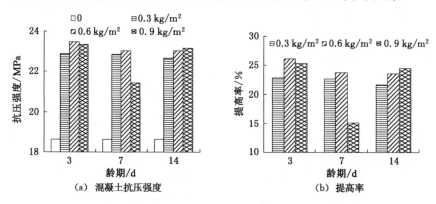

图 2-7　修复剂用量对促进 C18 混凝土抗压强度的影响(早龄期)

从图2-7可以看出,当修复剂涂抹时间相同静置至28 d时,修复剂对C18混凝土抗压强度的促进作用随修复剂用量的增加而增强。如C18混凝土28 d的抗压强度为18.6 MPa,而在14 d龄期混凝土表面涂抹0.3 kg/m²、0.6 kg/m²、0.9 kg/m²修复剂静置至28 d时抗压强度分别为22.6 MPa、23.0 MPa和23.2 MPa,比未涂抹修复剂试块的抗压强度分别高出21.51%、23.66%和24.73%;用量为0.6 kg/m²试块的抗压强度比用量为0.3 kg/m²的高出1.92%,用量为0.9 kg/m²的比用量为0.6 kg/m²高出0.84%。

原因分析:随修复剂用量的增加,渗透进混凝土的修复剂更多,与内部水化物质反应的更多,故修复剂的促进作用随用量的增加而增加;但对混凝土来说,内部孔隙有限,修复剂在混凝土的渗透有限,与混凝土内部水化物质的反应有限,故提高幅度不大。

综上所述,在早龄期低强混凝土表面喷涂修复剂后,对提高其抗压强度、保证或提高改善实际工程中混凝土性能很有益处。

2) 28 d时涂抹修复剂

① 静置时间的影响

图2-8给出了静置时间对修复剂促进提高C18混凝土抗压强度的影响。

由图2-8可知,修复剂对28 d混凝土抗压强度的促进作用随静置时间的延长而呈现减小趋势。如28 d混凝土再静置7 d、14 d和28 d的抗压强度分别为

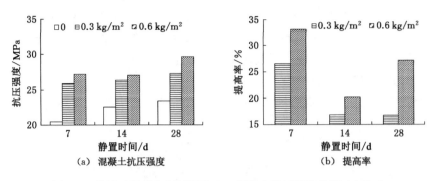

图 2-8　静置时间对修复剂促进 C18 混凝土抗压强度的影响（28 d）

20.4 MPa、22.5 MPa 和 23.3 MPa，而在 28 d 混凝土表面涂抹 0.3 kg/m² 修复剂再静置 7 d、14 d 和 28 d 的抗压强度分别为 25.9 MPa、26.3 MPa、27.3 MPa，分别比未涂抹修复剂试块抗压强度高出 26.96%、16.89% 和 17.17%；用量为 0.6 kg/m² 时，静置 7 d、14 d 和 28 d 的抗压强度分别为 27.2 MPa、27.1 MPa、29.7 MPa，比未涂抹修复剂试块的抗压强度分别高出 33.33%、20.44% 和 27.47%。

　　修复剂对 28 d 混凝土抗压强度的促进作用随静置时间的增长而减小，这是因为随龄期增长，混凝土微裂缝自愈合，结构密实，抗压强度增长；涂抹修复剂后，修复剂与混凝土中成分发生的各种作用对抗压强度的增长具有一定的促进作用，但此时混凝土的水化基本完成，内部连通的毛细孔隙较少，修复剂渗入混凝土内部的深度有限，在涂抹修复剂后的最初时间内，修复剂对混凝土抗压强度的促进作用远远超过自身强度的发展，但随静置时间的增长，渗入混凝土表层的修复剂由于各种作用而减少，故修复剂对混凝土抗压强度的促进作用也减小。

　　② 修复剂用量的影响

　　图 2-9 给出了修复剂用量对促进提高 C18 混凝土抗压强度的影响。

　　图 2-9 中显示，修复剂对 28 d 混凝土抗压强度的促进提高作用随修复剂用量的增加而增强。如涂抹 0.3 kg/m² 和 0.6 kg/m² 修复剂，静置 7 d 的抗压强度分别为 25.9 MPa 和 27.2 MPa，比未涂抹修复剂试块抗压强度分别高 26.63% 和 33.15%，修复剂用量为 0.6 kg/m² 试块的抗压强度比 0.3 kg/m² 的高 6.55%；静置 14 d 的抗压强度分别为 26.3 MPa 和 27.1 MPa，比未涂抹修复剂的试块分别高 16.87% 和 20.24%，修复剂用量为 0.6 kg/m² 试块的抗压强度比用量为 0.3 kg/m² 的高 3.37%；静置 28 d 的抗压强度分别为 27.3 MPa 和 29.7 MPa，比未涂抹修复剂试块分别高出 16.72% 和 27.15%，修复剂用量为 0.6 kg/m² 试块的抗压强度比用量为 0.3 kg/m² 的高 10.34%。

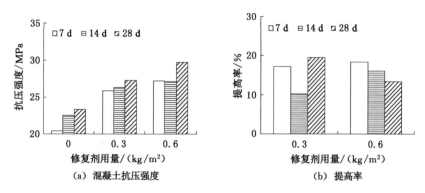

图 2-9　修复剂用量对促进提高 C18 混凝土抗压强度的影响(28 d)

（2）C25 混凝土

图 2-10 给出了修复剂对 C25 混凝土抗压强度的促进提高作用。

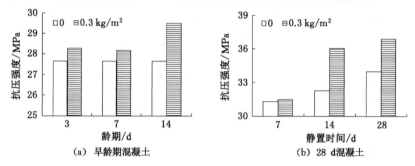

图 2-10　修复剂对 C25 混凝土抗压强度的促进提高作用

从图 2-10 中可以看出,C25 混凝土 28 d 的抗压强度为 27.6 MPa,而在 3 d、7 d 和 14 d 龄期混凝土表面涂抹 0.3 kg/m² 修复剂静置至 28 d 时的抗压强度分别为 28.3 MPa、28.2 MPa、29.4 MPa,比 28 d 未涂抹修复剂试块抗压强度分别高 2.54％、2.17％和 6.52％。28 d 混凝土再静置 7 d、14 d 和 28 d 的抗压强度分别为 31.3 MPa、32.2 MPa 和 34.0 MPa,表面涂抹 0.3 kg/m² 修复剂后静置 7 d、14 d 和 28 d 时混凝土抗压强度分别为 31.5 MPa、36.0 MPa、36.9 MPa,比未涂抹修复剂试块抗压强度分别高 0.64％、11.80％和 8.53％。

（3）修复剂对 C18 和 C25 混凝土抗压强度促进提高作用对比

图 2-11 给出了修复剂对 C18 和 C25 混凝土抗压强度促进提高作用的对比。

从图 2-11 可以明显看出修复剂对 C18 混凝土抗压强度的促进提高作用好于 C25。当条件相同时,修复剂对 C18 混凝土抗压强度的促进作用比 C25 高出 10％～15％。如 3 d 龄期混凝土表面涂抹 0.3 kg/m² 修复剂静置至 28 d 时,

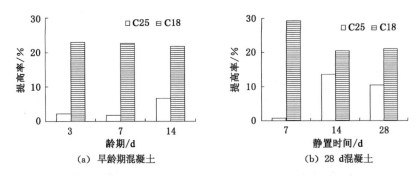

图 2-11　修复剂对 C25 和 C18 混凝土抗压强度促进提高作用的对比

C18 混凝土抗压强度提高了 22.77%，C25 混凝土抗压强度提高了 2.42%。原因分析：由混凝土配合比可知，C25 混凝土的水灰比为 0.65，C18 混凝土为 0.78，C25 混凝土的水灰比小于 C18 混凝土，从宏观上讲，C25 混凝土结构更密实，毛细孔隙更少，孔隙宽度更小，修复剂更难以深入地渗透，因此条件一致时，涂抹修复剂可提高 C25 混凝土抗压强度，但提高幅度低于 C18 混凝土。

2.3　低强混凝土弹性模量的促进提高研究

2.3.1　试验概况

2.3.1.1　试验目的

通过在低强度混凝土表面涂抹修复剂的试验，探究混凝土强度等级、修复剂涂抹时间、静置时间和用量等因素对修复剂促进低强混凝土弹性模量的影响规律。

2.3.1.2　试块分组

试验考虑因素及试块分组同 2.2 节，分别见表 2-4 和表 2-5。

2.3.2　试验过程

2.3.2.1　试验装置

试验加载装置采用 YAW-3000 微机控制电液伺服压力试验机（图 2-1），加载速率控制在 0.3～0.5 MPa/s。

2.3.2.2　试验内容

按表 2-2 中设计的配合比浇筑 100 mm×100 mm×300 mm 的棱柱体试

块,24 h 后拆模,养护 3 d、7 d、14 d、28 d、35 d、42 d 和 56 d 后,在试验机上进行加载。

试验步骤如下:将试块表面擦拭干净,放在压力机上,开启压力机编程后对试块进行加载。在试块(图 2-12)加载过程中记录每一个加载阶段的试块两侧变形,并在试块破坏(图 2-13)时记录破坏荷载。

图 2-12　试验中试块

图 2-13　试块破坏形态

2.3.3　试验结果与分析

混凝土弹性模量试验结果计算及确定按式(2-2)进行:

$$E_c = \frac{F_a - F_0}{A} \cdot \frac{L}{\Delta n} \tag{2-2}$$

$$\Delta n = \varepsilon_a - \varepsilon_0 \tag{2-3}$$

式中　E_c——混凝土弹性模量,MPa;

　　　F_a——应力为 1/3 轴心抗压强度时的荷载,N;

　　　F_0——应力为 0.5 MPa 时的初始荷载,N;

　　　A——试件承压面积,mm²;

　　　L——测量标距,mm;

　　　Δn——最后一次从 F_0 加荷至 F_a 时试件两侧变形的平均值,mm;

　　　ε_a——F_a 时试件两侧变形的平均值,mm;

　　　ε_0——F_0 时试件两侧变形的平均值,mm。

试验中混凝土弹性模量测试及弹性模量值确定按照《混凝土物理力学性能试验方法标准》(GB/T 50081—2019)进行。

2.3.3.1　混凝土弹性模量

表 2-8 给出了 C18 和 C25 混凝土不同龄期试块的弹性模量。

表 2-8　混凝土弹性模量

试块编号	弹性模量/×10³ MPa	试块编号	弹性模量/×10³ MPa
X18-03	12.8	X25-03	23.9
X18-07	18.8	X25-07	24.9
X18-14	20.4	X25-14	30.0
X18-28	20.7	X25-28	31.6
X18-28-07	23.8	X25-28-07	33.8
X18-28-14	29.1	X25-28-14	34.6
X18-28-28	30.2	X25-28-28	35.2

图 2-14(a)和(b)分别给出了 C18 和 C25 混凝土弹性模量与龄期的关系。

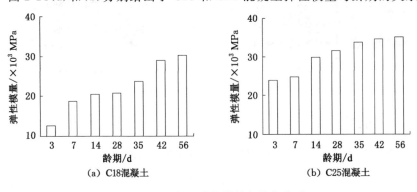

图 2-14　混凝土弹性模量与龄期关系

从图 2-14 可以明显看出:C18 和 C25 混凝土弹性模量均随龄期的增长而增长,与抗压强度的增长趋势基本一致,前期增长较快后期增长趋于平缓。3 d 约为 28 d 时的 70%,7 d 时约为 28 d 时的 80%,14 d 时基本达到 28 d 弹性模量。早龄期 3 d 和 7 d 混凝土弹性模量发展较快,14 d 后混凝土弹性模量发展变缓,基本达到 28 d 弹性模量。

原因分析:在浇筑混凝土后的 3 d 时间里,混凝土内部进行着激烈的水化反应,水化反应产生的各种产物使结构开始变得致密,混凝土的各种性能初步形成;7 d 时水泥水化反应继续进行,产物填充内部孔隙,结构更密实,抵抗外部压力能力增强,弹性模量迅速增长;14 d 时弹性模量继续增长,基本达到 28 d 时弹性模量,但由于 14 d 时水泥水化基本完成,此后增长速度放缓;28 d 后随龄期增长,微裂缝自愈合,促进了混凝土弹性模量的提高。

2.3.3.2 涂抹修复剂后混凝土弹性模量

表 2-9 给出了 C18 和 C25 混凝土涂抹修复剂后的弹性模量。

表 2-9　涂抹修复剂后混凝土弹性模量

混凝土等级	试块编号	弹性模量 /×10³ MPa	混凝土等级	试块编号	弹性模量 /×10³ MPa
C18	X18-03-0.3	22.1	C18	X18-14-0.9	27.6
	X18-03-0.6	23.8		X18-28-07-0.3	27.3
	X18-03-0.9	24.6		X18-28-07-0.6	27.6
	X18-07-0.3	29.7		X18-28-14-0.3	31.3
	X18-07-0.6	25.6		X18-28-14-0.6	32.5
	X18-07-0.9	26.2		X18-28-28-0.3	34.3
	X18-14-0.3	26.9		X18-28-28-0.6	33.0
	X18-14-0.6	27.1			
C25	X25-03-0.3	31.9	C25	X25-28-07-0.3	34.4
	X25-07-0.3	32.1		X25-28-14-0.3	35.0
	X25-14-0.3	32.2		X25-28-28-0.3	37.1

（1）C18 混凝土

1）早龄期混凝土

① 涂抹时间的影响

图 2-15 给出了涂抹时间对修复剂促进提高 C18 混凝土弹性模量的影响。图中提高率是指涂抹修复剂试块弹性模量和未涂抹修复剂试块弹性模量之差与未涂抹修复剂试块弹性模量的比值。

从图 2-15 中可以看出,修复剂用量相同时,在 3 d、7 d 和 14 d 混凝土表面涂抹修复剂静置至 28 d 时,修复剂对混凝土弹性模量的促进提高作用随涂抹时间的增长而提高。如 C18 混凝土 28 d 的弹性模量为 $20.7×10^3$ MPa,在 3 d、7 d 和 14 d 龄期混凝土表面涂抹 0.6 kg/m² 修复剂静置至 28 d 的弹性模量为 $23.8×10^3$ MPa、$25.6×10^3$ MPa 和 $27.1×10^3$ MPa,分别比未涂抹修复剂试块的弹性模量高出 14.98%、23.67% 和 30.92%;7 d 涂抹时修复剂的提高率比 3 d 的高出 8.78%,14 d 涂抹时的提高率比 7 d 的高出 7.18%。

② 修复剂用量的影响

图 2-16 给出了修复剂用量对促进提高 C18 早龄期混凝土弹性模量的影响。

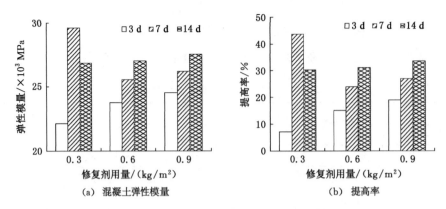

图 2-15　涂抹时间对修复剂促进提高 C18 混凝土弹性模量的影响（早龄期）

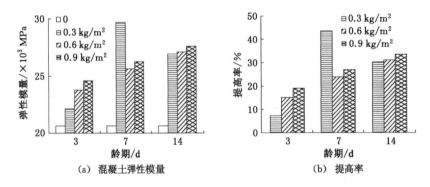

图 2-16　修复剂用量对 C18 混凝土弹性模量促进提高的影响（早龄期）

从图 2-16 可以看出，修复剂对混凝土弹性模量的促进作用随修复剂用量的增加而增强。C18 混凝土 28 d 的弹性模量为 20.7×10^3 MPa，在 3 d、7 d、14 d 混凝土表面涂抹 0.6 kg/m² 修复剂静置至 28 d 的弹性模量分别为 23.8×10^3 MPa、25.6×10^3 MPa 和 27.1×10^3 MPa，比未涂抹修复剂试块的弹性模量分别高出 14.97%、23.67% 和 30.92%；修复剂用量为 0.9 kg/m² 的试块的弹性模量分别为 24.6×10^3 MPa、26.2×10^3 MPa 和 27.6×10^3 MPa，比未涂抹修复剂试块分别提高 18.84%、26.57% 和 33.33%；修复剂用量为 0.9 kg/m² 的试块的弹性模量比用量为 0.6 kg/m² 的高出 2%～6%。

2）28 d 混凝土

① 静置时间的影响

图 2-17 给出了静置时间对修复剂促进提高 C18 混凝土弹性模量的影响。

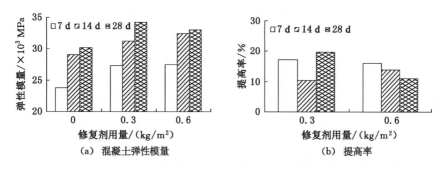

图 2-17　静置时间对修复剂促进提高 C18 混凝土弹性模量的影响(28 d)

图 2-17 显示,修复剂对 28 d 混凝土弹性模量的促进提高作用随静置时间的延长有所降低。28 d 混凝土未涂抹修复剂试块静置 7 d、14 d 和 28 d 的弹性模量分别为 23.8×10^3 MPa、29.1×10^3 MPa 和 30.2×10^3 MPa,在表面涂抹 0.6 kg/m^2 再静置 7 d、14 d 和 28 d 的弹性模量分别为 27.6×10^3 MPa、32.5×10^3 MPa 和 33.0×10^3 MPa,比未涂抹修复剂试块的弹性模量分别高 15.97%、11.68% 和 9.27%。

②　修复剂用量的影响

图 2-18 给出了修复剂用量对促进提高 C18 混凝土弹性模量的影响。

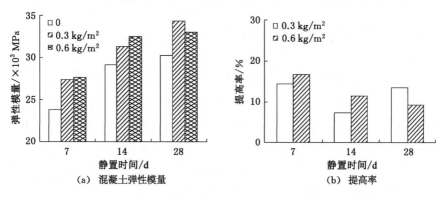

图 2-18　修复剂用量对 C18 混凝土弹性模量促进提高的影响(28 d)

从表 2-9 和图 2-18 可以看出,在 28 d 混凝土表面涂抹 0.3 kg/m^2 修复剂静置 7 d、14 d 和 28 d 的弹性模量分别为 27.3×10^3 MPa、31.3×10^3 MPa 和 34.3×10^3 MPa,比未涂抹修复剂试块的弹性模量分别高出 14.71%、7.56% 和 13.58%;修复剂用量为 0.6 kg/m^2 试块的弹性模量分别为 27.6×10^3 MPa、32.5×10^3 MPa 和 33.0×10^3 MPa,比未涂抹修复剂试块的弹性模量分别高出 15.97%、11.68% 和

9.27%;静置时间相同时。修复剂用量为 0.6 kg/m² 的试块的弹性模量比用量为 0.3 kg/m² 的高出 2%～5%。

修复剂对混凝土弹性模量的促进机理与修复剂对混凝土抗压强度的促进机理一致:修复剂与混凝土发生的各种物理和化学作用,使得混凝土内部更致密,一方面提高混凝土的抗压强度,另一方面填充混凝土内部空隙,提高了混凝土抗变形能力,在受到外力作用时,产生较小变形。

(2) C25 混凝土

图 2-19 给出了修复剂对 C25 混凝土弹性模量的影响。

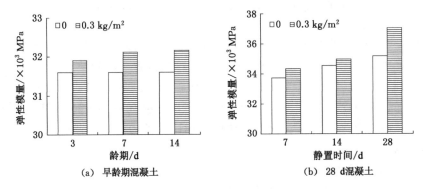

图 2-19　修复剂对 C25 混凝土弹性模量的影响

从图 2-19 可以看出,涂抹修复剂可以提高 C25 混凝土弹性模量。C25 混凝土 28 d 的弹性模量为 $31.6×10^3$ MPa,在 3 d、7 d 和 14 d 混凝土表面涂抹 0.3 kg/m² 修复剂静置至 28 d 的弹性模量分别为 $31.9×10^3$ MPa、$32.1×10^3$ MPa 和 $32.2×10^3$ MPa,分别比未涂抹修复剂时高 0.95%、1.58% 和 1.90%;28 d 混凝土再静置 7 d、14 d 和 28 d 的弹性模量为 $33.8×10^3$ MPa、$34.6×10^3$ MPa 和 $35.2×10^3$ MPa,涂抹 0.3 kg/m² 修复剂静置 7 d、14 d 和 28 d 后的弹性模量为 $34.4×10^3$ MPa、$35.0×10^3$ MPa 和 $37.1×10^3$ MPa,比未涂抹修复剂试块的弹性模量分别高出 1.77%、1.17% 和 5.40%。

(3) 修复剂对 C18 和 C25 混凝土弹性模量促进作用的对比

图 2-20 给出了修复剂对 C18 和 C25 混凝土弹性模量促进作用的对比。

从图 2-20 可以看出,当修复剂用量和涂抹时间相同时,修复剂对 C18 混凝土弹性模量的提高率比对 C25 混凝土的提高率高出 10%～20%。这主要是因为 C25 混凝土的水灰比为 0.65,C18 混凝土的为 0.78,C25 混凝土的水灰比明显小于 C18 混凝土水灰比;从混凝土结构来讲,C25 混凝土比 C18 混凝土更密实,在涂抹修复剂后,修复剂难以渗透到 C25 混凝土内部,从而不能更好地与内

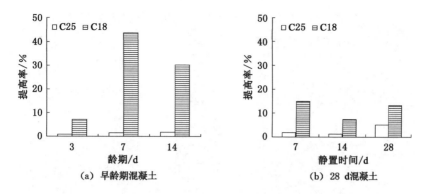

图 2-20　修复剂对 C18 和 C25 混凝土弹性模量促进作用对比

部物质反应,故修复剂可以促进提高 C25 混凝土的弹性模量,但提高幅度低于 C18 混凝土。

2.4　低强混凝土抗碳化性能的促进提高研究

2.4.1　试验设计

2.4.1.1　试验目的

该部分试验主要进行了低强混凝土抗碳化性能促进提高的试验研究。试验中考虑的影响因素主要为混凝土强度等级、修复剂涂抹时间、修复剂用量、28 d 混凝土涂抹修复剂后的静置时间,对不同条件下的抗碳化性能发展变化规律进行比较,并对变化规律做进一步的原因分析。

2.4.1.2　试件制作与分组

根据《普通混凝土长期性能和耐久性能试验方法标准》(GB/T 50082—2009),浇筑尺寸为 100 mm×100 mm×100 mm 的混凝土立方体试件,试验考虑因素及分组见表 2-4 和表 2-5。

2.4.2　试验过程

2.4.2.1　试验装置

试验装置采用中国矿业大学文昌校区建筑结构与材料实验室 CCB-70B 型混凝土碳化试验箱,如图 2-21 所示。

2.4.2.2　试验测试方法

根据《普通混凝土长期性能和耐久性能试验方法标准》(GB/T 50082—

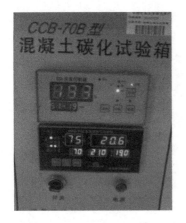

图 2-21　混凝土碳化试验箱

2009),试块达到相应的龄期后把试件放入碳化箱,并按规范规定控制碳化箱内二氧化碳浓度为 20%±3%、湿度为 70%±5%、温度为 20 ℃±2 ℃。在碳化14 d 后取出试件,在压力机上对混凝土试件破型,测定碳化深度。

试块碳化深度测量步骤:

(1)在压力试验机上劈开混凝土试块,并刷去劈开后试块断面上残存的粉末。

(2)在劈开后的试块断面上喷上浓度为 1% 的酒精酚酞溶液,经 30 s 后测定碳化深度。

(3)在喷涂酒精酚酞试剂后,混凝土表面已发生碳化的部位酚酞溶液呈无色;若混凝土未发生碳化、仍呈高碱性的部位,则酚酞溶液呈粉红色。

(4)游标卡尺所测量的粉红色边界距试块表面的距离就是混凝土已碳化的深度,记录数据。

2.4.3　试验结果与分析

根据《普通混凝土长期性能和耐久性能试验方法标准》(GB/T 50082—2009),混凝土在各试验龄期时的平均碳化深度按式(2-4)计算:

$$d_t = \frac{1}{n} \sum_{i=1}^{n} d_i \tag{2-4}$$

式中　d_t——试件碳化时间 t 天后碳化平均深度,精确至 0.1 mm;

　　　d_i——各测点碳化深度,mm;

　　　n——测点总数。

2.4.3.1 混凝土碳化深度

表 2-10 给出了混凝土试块碳化深度值。为提高试验结果的精度,将碳化深度精确至 0.01 mm。

表 2-10　试块碳化深度

试块编号	碳化深度/mm	试块编号	碳化深度/mm
X18-28	22.89	X25-28	11.62
X18-28-07	22.74	X25-28-07	11.34
X18-28-14	20.67	X25-28-14	10.23
X18-28-28	18.00	X25-28-28	10.02

图 2-22 给出了混凝土碳化深度与龄期的关系。

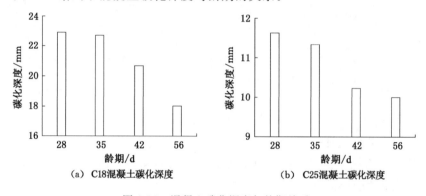

(a) C18混凝土碳化深度　　(b) C25混凝土碳化深度

图 2-22　混凝土碳化深度与龄期关系

从表 2-10 和图 2-22 可以看出,28 d、35 d、42 d 和 56 d 龄期混凝土在碳化箱加速碳化 14 d 后,C18 混凝土的碳化深度为 22.89 mm、22.74 mm、20.67 mm 和 18.00 mm,C25 混凝土的碳化深度为 11.62 mm、11.34 mm、10.23 mm 和 10.02 mm。由此可知加速碳化后,C18 与 C25 混凝土的碳化深度随龄期的增长而降低,即抗碳化性能随龄期的增长而增长。因为随龄期的增长,混凝土结构更加密实,内部毛细孔缝减少,孔隙的宽度也会随自身发展变小,二氧化碳会更难渗入。

原因分析:C25 混凝土水灰比小于 C18 混凝土,而且 C25 混凝土的单位体积用水量也小于 C18 混凝土。据有关文献报道,混凝土反应所需水分远小于实际用水量,大部分水分随养护时间的增长而逐渐蒸发,造成内部出现孔隙。用水量越大,蒸发的水分越多,内部孔隙越多,二氧化碳气体更容易进入,渗透深度更大,从而表现为混凝土碳化深度较大。

2.4.3.2 涂抹修复剂后混凝土碳化深度

表 2-11 给出了涂抹修复剂后混凝土试块的碳化深度。

表 2-11 涂抹修复剂试块的碳化深度

混凝土等级	试块编号	碳化深度/mm	混凝土等级	试块编号	碳化深度/mm
C18	X18-03-0.3	16.85	C18	X18-14-0.9	16.72
	X18-03-0.6	16.19		X18-28-07-0.3	12.98
	X18-03-0.9	16.07		X18-28-07-0.6	10.02
	X18-07-0.3	16.61		X18-28-14-0.3	12.84
	X18-07-0.6	16.39		X18-28-14-0.6	12.04
	X18-07-0.9	16.15		X18-28-28-0.3	13.42
	X18-14-0.3	17.20		X18-28-28-0.6	11.68
	X18-14-0.6	17.16			
C25	X25-03-0.3	10.42	C25	X25-28-07-0.3	10.53
	X25-07-0.3	9.85		X25-28-14-0.3	9.62
	X25-14-0.3	9.97		X25-28-28-0.3	9.57

（1）C18 混凝土

1）早龄期混凝土

图 2-23 和图 2-24 分别给出了修复剂涂抹时间和修复剂用量对修复剂促进提高 C18 混凝土抗碳化性能作用的影响。

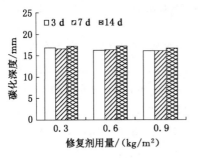

图 2-23 涂抹时间对修复剂促进 C18
混凝土抗碳化性能的影响（早龄期）

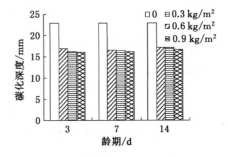

图 2-24 修复剂用量对 C18 混凝土
抗碳化性能的影响（早龄期）

① 涂抹时间的影响

从图 2-23 可以看出，修复剂用量相同时，修复剂对 C18 混凝土抗碳化性能的促进作用随涂抹时混凝土龄期的增长而减缓,但差值不大。如龄期为 28 d 混凝土加速碳化后的碳化深度为 22.89 mm,在 3 d、7 d 和 14 d 龄期混凝土表面涂抹 0.6 kg/m² 修复剂静置至 28 d 加速碳化后的碳化深度分别为 16.19 mm、16.39 mm 和 17.16 mm,比未涂抹修复剂试块的碳化深度分别降低了 6.70 mm、6.50 mm 和 5.73 mm,碳化深度的降低率(有无修复剂试块碳化深度之差与无修复剂试块碳化深度的比值)分别为 29.27%、28.40% 和 25.03%。

② 修复剂用量的影响

从图 2-24 可以看出,涂抹时间相同时,修复剂对混凝土的抗碳化性能的促进提高作用随修复剂用量的增加而提高。例如,在 3 d 龄期混凝土表面涂抹 0.3 kg/m² 修复剂静置至 28 d 时,碳化 14 d 后的碳化深度为 16.85 mm,比未涂抹修复剂试块的碳化深度降低了 6.04 mm,降低率为 26.39%;用量为 0.6 kg/m² 时试块碳化深度为 16.19 mm,比未涂抹修复剂试块的碳化深度降低了 6.70 mm,降低率为 29.27%;用量为 0.9 kg/m² 时试块碳化深度为 16.07 mm,比未涂抹修复剂试块碳化深度降低了 6.82 mm,降低率为 29.79%;在 7 d 龄期试块表面涂抹 0.3 kg/m²、0.6 kg/m² 和 0.9 kg/m² 修复剂静置至 28 d 碳化 14 d 的碳化深度分别为 16.61 mm、16.39 mm 和 16.15 mm,比未涂抹修复剂的试块分别降低了 6.28 mm、6.50 mm 和 6.74 mm,降低率分别为 27.44%、28.40% 和 29.45%。14 d 涂抹 0.3 kg/m²、0.6 kg/m² 和 0.9 kg/m² 修复剂静置至 28 d 碳化 14 d 的碳化深度分别为 17.20 mm、17.16 mm 和 16.72 mm,比未涂抹修复剂的试块分别降低了 5.69 mm、5.73 mm 和 6.17 mm,降低率分别为 24.86%、25.03% 和 26.96%。

原因分析:早期涂抹修复剂既利于修复剂在混凝土中渗透,也利于修复剂与混凝土中水泥水化产生的氢氧化钙反应,形成微小水化物粒子填塞毛细孔缝,密实度增加,孔隙率下降,有效阻止二氧化碳等气体的进入;且越早涂抹距离静置至 28 d 的时间越长,修复剂在表面形成的保护膜更密实,阻挡二氧化碳等气体的侵入效果更好。

2) 28 d 混凝土

图 2-25 和图 2-26 分别给出了静置时间和修复剂用量对修复剂促进 C18 混凝土 28 d 抗碳化性能的影响。

① 静置时间的影响

由图 2-25 和表 2-10、表 2-11 可知,在 28 d 混凝土表面涂抹 0.3 kg/m² 修复剂,静置 7 d、14 d 和 28 d 加速碳化 14 d 后的碳化深度分别为 12.98 mm、12.84 mm 和 13.42 mm,比未涂抹修复剂试块的碳化深度分别降低了 9.85 mm、7.83 mm 和 4.58 mm,碳化深度降低率分别为 43.15%、37.88% 和 25.44%。即修

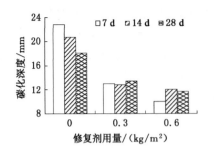

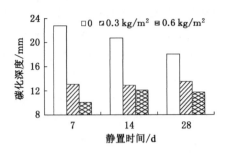

图 2-25　静置时间对修复剂促进 C18　　　　图 2-26　修复剂用量对 C18 混凝土
混凝土抗碳化性能的影响(28 d)　　　　　　　抗碳化性能的影响(28 d)

复剂对混凝土抗碳化性能的促进作用随静置时间的增长而下降。因为随静置时间的延长,混凝土微裂缝自愈合,结构密实,孔隙率减小,这对混凝土抵抗碳化的能力起到一定的提高作用,但同时也阻碍了修复剂的渗透,此外,混凝土表面的修复剂也会在静置中由于挥发而逐渐减少,从而对混凝土抗碳化性能的促进作用减小。

　　② 修复剂用量的影响

　　图 2-26 显示,修复剂对混凝土抗碳化性能的促进作用随用量的增长而提高。在 28 d 混凝土表面涂抹 0.3 kg/m² 和 0.6 kg/m² 修复剂,静置 7 d、14 d 和 28 d 加速碳化后的碳化深度分别为 12.98 mm、12.84 mm、13.42 mm 和 10.02 mm、12.04 mm 和 11.68 mm,碳化深度降低率分别为 42.94%、37.98%、25.44% 和 55.95%、41.74%、35.13%。用量为 0.6 kg/m² 试块的碳化深度分别比用量为 0.3 kg/m² 的降低了 2.96 mm、0.80 mm 和 1.74 mm,碳化深度降低率分别为 22.80%、6.23% 和 12.97%。

　　这是因为,修复剂用量越大,可与水泥水化产物反应的越多,填充混凝土内部孔隙的生成物越多,内部孔隙越少,进入试块内部的二氧化碳等气体越少;即使修复剂无法完全与氢氧化钙反应,停留在表面的修复剂也可以形成致密的保护膜,阻挡二氧化碳等气体的进入。

　　(2) C25 混凝土

　　图 2-27 和图 2-28 为修复剂涂抹时间和静置时间对促进提高 C25 混凝土抗碳化性能的影响图。

　　1) 早龄期混凝土

　　从图 2-27 可以看出,修复剂对 C25 混凝土抗碳化性能的促进提高作用随涂抹时间的增长而提高。C25 混凝土养护 28 d 加速碳化后的碳化深度为 11.62 mm,

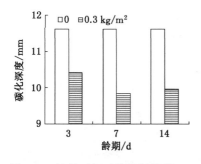

图 2-27 涂抹时间对修复剂促进 C25 混凝土抗碳化性能的影响(早龄期)

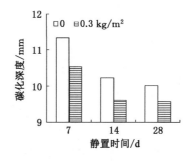

图 2-28 静置时间对修复剂促进 C25 混凝土抗碳化性能的影响(28 d)

在 3 d、7 d 和 14 d 混凝土表面涂抹 0.3 kg/m² 修复剂静置至 28 d 加速碳化后的碳化深度分别为 10.42 mm、9.85 mm 和 9.97 mm,分别比未涂抹修复剂试块的碳化深度降低了 1.20 mm、1.77 mm 和 1.65 mm,降低率分别为 10.33%、15.23% 和 14.20%。

2) 28 d 混凝土

从图 2-28 可以看出,修复剂对 28 d 混凝土抗碳化性能的促进提高作用随静置时间的增长而减小。28 d 混凝土再静置 7 d、14 d 和 28 d 时加速碳化后,有无修复剂试块的碳化深度分别为 11.34 mm、10.23 mm、10.02 mm 和 10.53 mm、9.62 mm、9.57 mm,两者相比,涂抹修复剂试块的碳化深度分别比未涂抹的降低了 0.81 mm、0.61 mm 和 0.45 mm,降低率分别为 7.14%、5.96% 和 4.49%。

(3) 修复剂对 C18 和 C25 混凝土抗碳化性能促进作用对比

图 2-29 给出了修复剂对 C18 和 C25 混凝土抗碳化性能促进作用的对比。图中降低率是指未涂抹修复剂试块的碳化深度和涂抹修复剂试块的碳化深度之差与未涂抹修复剂试块碳化深度的比值。

由图 2-29 可知,修复剂对 C18 混凝土抗碳化性能的促进提高作用效果好于 C25 混凝土。如在 7 d 龄期混凝土表面涂抹 0.3 kg/m² 修复剂静置至 28 d 时,C18 混凝土碳化深度降低率为 43.58%,C25 混凝土降低率为 15.29%。主要原因是混凝土配合比设计中,C25 混凝土的水灰比为 0.65,C18 混凝土为 0.78,C25 混凝土水灰比小于 C18 混凝土,故 C25 混凝土比 C18 混凝土结构密实,毛细孔隙少而小,修复剂难以渗入,与内部反应的物质少,故修复剂对 C25 混凝土抗碳化性能的促进提高作用小于 C18 混凝土。

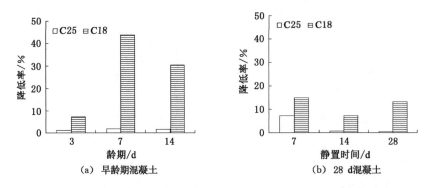

图 2-29　修复剂对 C18 与 C25 混凝土抗碳化性能促进作用对比图

2.5　低强混凝土抗渗透性能的促进提高研究

2.5.1　试验设计

2.5.1.1　试验目的

本节主要进行了低强混凝土抗渗透性能的促进试验研究。考虑参数主要为混凝土强度等级、修复剂涂抹时间、修复剂用量、28 d 涂抹后的静置时间,对不同条件下低强混凝土抗渗透性能发展变化规律进行比较,并对变化规律做进一步的原因分析。

2.5.1.2　试件分组

试验考虑因素及试块分组见表 2-4 和表 2-5。

2.5.2　试验过程

2.5.2.1　试验装置

混凝土氯离子渗透系数试验采用某厂家生产的混凝土氯离子扩散系数测定仪,以及配套的全自动真空饱水机,如图 2-30 所示。

2.5.2.2　试验方法

按照表 2-2 中设计的配合比配置好混凝土后,浇筑 100 mm×50 mm 的标准圆饼体试块,24 h 后拆模,水中养护 3 d、7 d、14 d、28 d、35 d、42 d 和 56 d 后,试验按照如下步骤进行:

首先配制质量分数 3% 的 NaCl 和 0.3 mol/L(质量分数 1.2%)的 NaOH

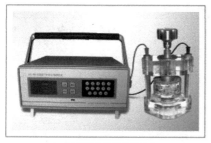
（a）氯离子扩散系数测定仪

（b）真空饱水机

图 2-30　氯离子扩散系数测定仪

溶液,分别装瓶加盖后放在 20 ℃±3 ℃条件中备用。之后将所需要测试的试块从氢氧化钙溶液中取出,用湿布擦去表面浮水。将试块装入塑料试验盒中,在试验盒中分别注入质量分数 3% 的 NaCl 和 0.3 mol/L（质量分数 1.2%）的 NaOH溶液。过 2 min 后,用频率为 1 000 Hz 的交流电桥测量试件电阻,并按下式计算时间电导值（精确至 $0.01×10^{-4}$ S）:

$$G_i = \frac{1}{R_i} \tag{2-5}$$

式中　G_i——室温下试件的电导值,S;

　　　R_i——测试试件电阻,Ω。

试件的电导值应按下式进行温度校正:

$$G_{20} = e^{\alpha\left(\frac{1}{T_i}-\frac{1}{T_{20}}\right)} G_i \tag{2-6}$$

式中　α——常数,取 2 130;

　　　T_i——试件测量时记录的饱和氢氧化钙溶液温度,以绝对温度计,K;

　　　T_{20}——20 ℃时的绝对温度,取 293 K;

　　　G_i——室温下试件的电导值,S;

　　　G_{20}——温度校正为 20 ℃时的电导值,S。

相对氯离子渗透系数按下式计算（精确至 $0.01×10^{-12}$ m²/s）:

$$D = 0.235 ×10^{-8} G_{20} \tag{2-7}$$

取同组 3 个试件的相对氯离子渗透系数的算术平均值作为该组试件的相对氯离子渗透系数。

2.5.3　试验结果与分析

2.5.3.1　混凝土抗渗透性能

表 2-12 列出了 C18 和 C25 混凝土不同龄期的氯离子渗透系数。

表 2-12   混凝土氯离子渗透系数

试块编号	氯离子渗透系数/(10^{-12} m²/s)	试块编号	氯离子渗透系数/(10^{-12} m²/s)
X18-03	8.91	X25-03	7.02
X18-07	8.26	X25-07	6.28
X18-14	7.36	X25-14	5.42
X18-28	6.99	X25-28	4.75
X18-28-07	5.88	X25-28-07	4.53
X18-28-14	5.46	X25-28-14	4.16
X18-28-28	5.06	X25-28-28	3.43

图 2-31(a)和(b)分别给出了 C18 和 C25 混凝土氯离子渗透系数与龄期的关系。

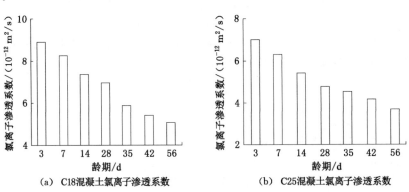

(a) C18混凝土氯离子渗透系数   (b) C25混凝土氯离子渗透系数

图 2-31   低强混凝土氯离子渗透系数与龄期关系

图 2-31 显示,C18 和 C25 两种强度等级混凝土的氯离子渗透系数随龄期的变化趋势基本一致,渗透系数随龄期的增长而减小,即抗渗透性随龄期的增长而增强。主要原因是:随龄期的增长,混凝土在自身物理化学反应作用下变得致密,抵挡外界侵蚀的能力增强。

2.5.3.2   涂抹修复剂后混凝土抗渗透性能

表 2-13 列出了 C18 和 C25 混凝土涂抹修复剂后的氯离子渗透系数。

(1) C18 混凝土

1) 早龄期混凝土

图 2-32 给出了涂抹时间对修复剂促进提高 C18 混凝土抗渗透性能的影响。图中降低率是指未涂抹修复剂试块氯离子渗透系数和涂抹修复剂试块氯离子渗透系数之差与未涂抹修复剂试块氯离子渗透系数的比值。

表 2-13 涂抹修复剂后混凝土氯离子渗透系数

混凝土等级	试块编号	氯离子渗透系数/$(10^{-12}\ \mathrm{m}^2/\mathrm{s})$	混凝土等级	试块编号	氯离子渗透系数/$(10^{-12}\ \mathrm{m}^2/\mathrm{s})$
C18	X18-03-0.3	5.85	C18	X18-14-0.9	5.10
	X18-03-0.6	5.29		X18-28-07-0.3	4.84
	X18-03-0.9	4.80		X18-28-07-0.6	4.68
	X18-07-0.3	5.71		X18-28-14-0.3	4.43
	X18-07-0.6	5.49		X18-28-14-0.6	3.97
	X18-07-0.9	5.01		X18-28-28-0.3	4.26
	X18-14-0.3	6.10		X18-28-28-0.6	3.87
	X18-14-0.6	5.51			
C25	X25-03-0.3	4.11	C25	X25-28-07-0.3	4.04
	X25-07-0.3	3.99		X25-28-14-0.3	3.80
	X25-14-0.3	4.33		X25-28-28-0.3	3.43

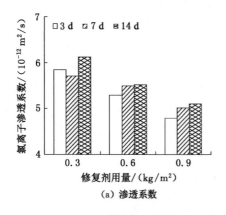

(a) 渗透系数

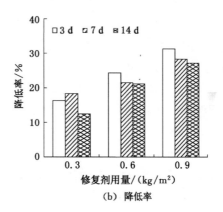

(b) 降低率

图 2-32 涂抹时间对修复剂促进提高 C18 混凝土抗渗透性能的影响(早龄期)

① 修复剂涂抹时间的影响

从图 2-32 可以看出,修复剂用量相同时,修复剂对混凝土抗渗透性能的促进作用随涂抹时间的增长而减缓,但差值不大。C18 混凝土养护至 28 d 的氯离子渗透系数为 $6.99 \times 10^{-12}\ \mathrm{m}^2/\mathrm{s}$,在 3 d、7 d 和 14 d 龄期混凝土表面涂抹 $0.9\ \mathrm{kg/m}^2$ 修复剂静置至 28 d 时的氯离子渗透系数分别为 $4.80 \times 10^{-12}\ \mathrm{m}^2/\mathrm{s}$、$5.01 \times 10^{-12}\ \mathrm{m}^2/\mathrm{s}$ 和 $5.10 \times 10^{-12}\ \mathrm{m}^2/\mathrm{s}$,涂抹修复剂试块的氯离子渗透系数分别比未涂抹修复剂试块的降低了 31.33%、28.33% 和 27.04%。

② 修复剂用量的影响

图 2-33 给出了修复剂用量对促进提高 C18 混凝土抗渗透性能的影响。

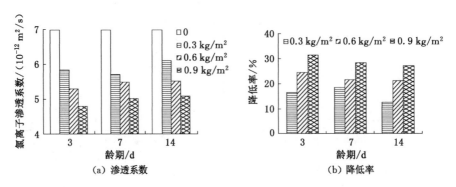

图 2-33　修复剂用量对促进提高混凝土抗渗透性能的影响(C18 早龄期)

从图 2-33 可以看出,修复剂对早龄期混凝土抗渗透性能的促进作用随用量的增加而提高。如在 3 d 龄期混凝土表面涂抹 0.3 kg/m² 修复剂静置至 28 d 时的氯离子渗透系数为 5.85×10^{-12} m²/s,比未涂抹修复剂试块的氯离子渗透系数降低了 16.32%;用量为 0.6 kg/m² 试块的氯离子渗透系数为 5.29×10^{-12} m²/s,比涂抹修复剂试块的氯离子渗透系数降低了 24.29%;用量为 0.9 kg/m² 试块的氯离子渗透系数为 4.80×10^{-12} m²/s,比未涂抹修复剂试块的氯离子渗透系数降低了 31.38%;在 7 d 龄期试块表面涂抹 0.3 kg/m²、0.6 kg/m² 和 0.9 kg/m² 修复剂静置至 28 d 的氯离子渗透系数分别为 5.71×10^{-12} m²/s、5.49×10^{-12} m²/s 和 5.01×10^{-12} m²/s,分别比未涂抹修复剂试块的氯离子渗透系数降低了 18.37%、21.50% 和 28.33%;在 14 d 龄期试块表面涂抹 0.3 kg/m²、0.6 kg/m² 和 0.9 kg/m² 修复剂静置至 28 d 时氯离子渗透系数分别为 6.10×10^{-12} m²/s、5.51×10^{-12} m²/s 和 5.10×10^{-12} m²/s,分别比未涂抹修复剂试块的氯离子渗透系数降低了 18.37%、21.50% 和 28.33%。从总体上看,用量为 0.6 kg/m² 的试块的氯离子渗透系数比用量为 0.3 kg/m² 的降低了 10%,用量为 0.9 kg/m² 的比用量为 0.6 kg/m² 的降低了 7%。

原因如下:在早龄期混凝土表面涂抹修复剂既有利于修复剂的渗透,也有利于修复剂与混凝土中水泥水化产生的氢氧化钙反应,减少表层内 $Ca(OH)_2$ 含量,增加硅酸盐水化物含量,并形成微小水化物粒子填塞毛细孔缝,表层组成与微细结构发生变化,突出表现为混凝土更加密实,孔隙率下降,有效阻止氯离子在混凝土中的渗透;修复剂涂抹的时间越早,距离 28 d 的静置时间越长,修复剂在混凝土表面有更长的时间形成保护膜,有利于与混凝土内部物质发生反应,混凝土结构更加密实,抗渗透性能提高。

2) 28 d 混凝土

① 静置时间的影响

图 2-34 给出了静置时间对修复剂促进提高 C18 混凝土抗渗透性能的影响。

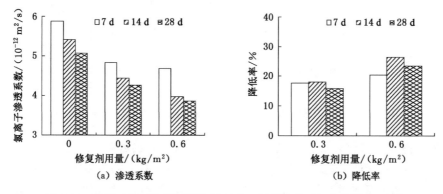

（a）渗透系数 （b）降低率

图 2-34 静置时间对修复剂促进提高 C18 混凝土渗透性能的影响(28 d)

从图 2-34 可以看出,当修复剂用量相同时,修复剂对不同静置时间下混凝土的抗渗透性能的促进作用基本一致,如 28 d 混凝土再静置 7 d、14 d 和 28 d 的氯离子渗透系数分别为 5.88×10^{-12} m^2/s、5.46×10^{-12} m^2/s 和 5.06×10^{-12} m^2/s,在 28 d 混凝土表面涂抹 0.3 kg/m^2 修复剂后再静置 7 d、14 d 和 28 d 的氯离子渗透系数分别为 4.84×10^{-12} m^2/s、4.43×10^{-12} m^2/s 和 4.26×10^{-12} m^2/s,比未涂抹修复剂试块的氯离子渗透系数分别降低了 17.69%、18.87% 和 15.81%。因为 28 d 混凝土的抗渗透性能已基本形成,随静置时间的增长,微裂缝自愈合,混凝土结构密实,影响修复剂在混凝土内部的渗透,故修复剂对 28 d 混凝土抗渗透性能的促进提高作用并不随静置时间的增长而增强。

② 修复剂用量的影响

图 2-35 给出了修复剂用量对促进提高 28 d 混凝土抗渗透性能的影响。

从图 2-35 可以明显看出,在 28 d 混凝土表面涂抹修复剂可以显著提高其抗渗透性能,且修复剂的促进提高作用随修复剂用量的增加而提高。如在 28 d 混凝土表面涂抹 0.3 kg/m^2 和 0.6 kg/m^2 修复剂静置 7 d 的氯离子渗透系数分别为 4.84×10^{-12} m^2/s 和 4.68×10^{-12} m^2/s,比未涂抹修复剂试块的氯离子渗透系数 5.88×10^{-12} m^2/s 分别降低了 17.69% 和 20.41%,用量为 0.6 kg/m^2 试块的氯离子渗透系数比用量为 0.3 kg/m^2 的降低了 3.31%;静置 14 d 的涂抹 0.3 kg/m^2 和 0.6 kg/m^2 修复剂试块的氯离子渗透系数分别为 4.43×10^{-12} m^2/s 和 3.97×10^{-12} m^2/s,比未涂抹修复剂试块的氯离子渗透系数 5.46×10^{-12} m^2/s

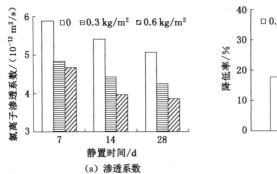

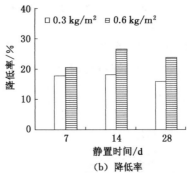

图 2-35　修复剂用量对促进提高 C18 混凝土抗渗透性能的影响(28 d)

降低了 18.86％和 27.29％,用量为 0.6 kg/m² 试块的氯离子渗透系数比用量为 0.3 kg/m² 的降低了 10.38％;静置 28 d 的涂抹 0.3 kg/m² 和 0.6 kg/m² 修复剂试块的氯离子渗透系数分别为 4.26×10^{-12} m²/s 和 3.87×10^{-12} m²/s,比未涂抹修复剂试块的氯离子渗透系数 5.06×10^{-12} m²/s 降低了 15.81％和 23.52％,用量为 0.6 kg/m² 试块的氯离子渗透系数比用量为 0.3 kg/m² 的降低了 9.15％。这主要是因为修复剂用量越大,在混凝土表面形成的保护膜越厚,混凝土的抗渗透性能越好。

(2) C25 混凝土

图 2-36 和图 2-37 分别给出了修复剂对 C25 早龄期和 28 d 混凝土抗渗透性能的影响。

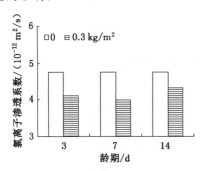

图 2-36　修复剂对 C25 混凝土
渗透系数的影响(早龄期)

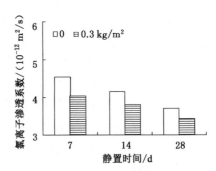

图 2-37　修复剂对 C25 混凝土
渗透系数的影响(28 d)

1) 早龄期混凝土

从图 2-36 中可以看出,修复剂对 C25 早龄期混凝土抗渗透性能的促进作用随涂抹时混凝土龄期的增长而呈现减小的趋势,C25 混凝土 28 d 的氯离子渗透系数为 4.75×10^{-12} m²/s,在 3 d、7 d 和 14 d 龄期混凝土表面涂抹 0.3 kg/m² 修复剂后静置至 28 d 的氯离子渗透系数分别为 4.11×10^{-12} m²/s、3.99×10^{-12} m²/s 和 4.33×10^{-12} m²/s,比未涂抹修复剂试块的氯离子渗透系数分别降低了 13.47%、16.00% 和 8.84%。7 d 龄期涂抹时的氯离子渗透系数降低率比 14 d 涂抹时高出 7.16%。

2)28 d 混凝土

从图 2-37 可看出,修复剂对 C25 混凝土 28 d 后的抗渗透性能的促进提高作用随静置时间的增长而呈现减小的趋势。28 d 混凝土静置 7 d、14 d 和 28 d 后有无修复剂试块的渗透系数分别为 4.53×10^{-12} m²/s、4.16×10^{-12} m²/s、3.71×10^{-12} m²/s 和 4.04×10^{-12} m²/s、3.80×10^{-12} m²/s、3.43×10^{-12} m²/s,涂抹 0.3 kg/m² 修复剂试块的氯离子渗透系数比未涂抹修复剂的分别降低了 10.82%、8.65% 和 7.55%。静置 7 d 混凝土的氯离子渗透系数的降低率比静置 14 d 的高出 2.17%,静置 14 d 混凝土的氯离子渗透系数的降低率比静置 28 d 的高出 1.10%。

(3)修复剂对 C18 和 C25 混凝土抗渗透性能促进作用对比

图 2-38 给出了修复剂对 C18 和 C25 混凝土抗渗透性能促进作用的对比。

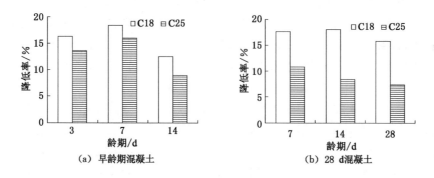

图 2-38　修复剂对 C25 和 C18 混凝土抗渗透性能促进作用对比

由图 2-38 可知,修复剂对 C18 混凝土抗渗透性能的促进作用效果好于 C25 混凝土。当修复剂用量和涂抹时间相同时,修复剂对 C18 混凝土的促进作用比对 C25 混凝土的促进作用高出 3%～10%,如在 14 d 龄期混凝土表面涂抹 0.3 kg/m² 修复剂静置至 28 d 时,C18 和 C25 混凝土的氯离子渗透系数分别降低了 12.53% 和 8.93%。这主要是因为 C25 和 C18 混凝土的水灰比分别为 0.65 和 0.78,C25 混凝土的水灰比小于 C18 混凝土的水灰比,相比 C18 混凝土,C25 混凝土结构更密实,毛细孔隙少而小,渗入的修复剂少,可与混凝土物质发生反应的少,因此在试块表面涂抹修复剂可以提高 C25 混凝土的抗渗透性能,但提高幅度低于 C18 混凝土。

2.6 修复剂促进提高低强混凝土性能的机理研究

2.6.1 试验设计

2.6.1.1 试验目的

该部分试验主要进行了修复剂促进低强混凝土性能的微观机理研究,采用扫描电镜(SEM)、X 射线荧光分析仪(XRF)以及 X 射线衍射分析仪(XRD)等现代分析仪器进行试验,从微观形态、成分分析等方面对修复剂的促进作用进行研究,得出相应的促进机理。

2.6.1.2 试件制作与分组

本试验的试验样品共 3 份,分别取自 7 d 龄期混凝土、28 d 龄期混凝土以及 7 d 龄期混凝土涂抹修复剂静置至 28 d 的试块。

用于 XRF 和 XRD 分析的试样要求为粉末状。将所需要检测的立方体试件放在压力机上压溃,然后从压溃试件的表面取一定量碎片,先用锤子将碎片进行粉碎,将粉碎后的混凝土中的粗骨料剔除出去,剩下水泥浆体,再将水泥浆体放入研钵中研磨成粉末状,粉末应磨细至 200 目(74 μm)以下,研磨出的粉末达到要求后将样品装入自封袋中进行密封,等待送样。

用于 SEM 分析的试样需要将混凝土制成薄片状。同样在上述已压溃的每个试件表面另选表面较规整的混凝土薄片 4 片,注意轻拿轻放,并立即放在专用衬纸上,用试验室专用气球进行干燥和除尘,气干后放在真空仪中抽真空,在达到准真空状态后进行真空喷镀碳膜,以使混凝土试样表面能够导电。镀膜后,将试样放在扫描电子显微镜的样品金属台中央,并用导电胶条将试样与金属台相连,然后再一次抽真空,并开始观察。

2.6.2 试验装置

微观测试试验在中国矿业大学现代计算机分析中心进行,试验仪器包括 X 射线荧光分析仪(XRF)、X 射线衍射分析仪(XRD)和扫描电镜(SEM)。

图 2-39 给出了微观测试试验仪器图。

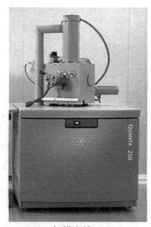

(a) X射线荧光分析仪（XRF）　　　　　(b) 扫描电镜（SEM）

(c) X射线衍射分析仪（XRD）

图 2-39　微观测试试验仪器

2.6.3　试验结果分析

2.6.3.1　扫描电镜（SEM）结果及分析

图 2-40 给出了 C18 混凝土龄期为 7 d、28 d 以及 7 d 使用修复剂静置至 28 d 试块的扫描电镜照片。

从图 2-40(a)可以看出,早龄期 7 d 混凝土表面有较多孔隙,混凝土内部水化产物不成熟;从图 2-40(b)可以看出,28 d 混凝土水化产物成熟,有大量的絮状物 C—S—H 和片状氢氧化钙。

从混凝土表观形态来讲,对比图 2-40(a)和(b)可以发现,与 7 d 混凝土相

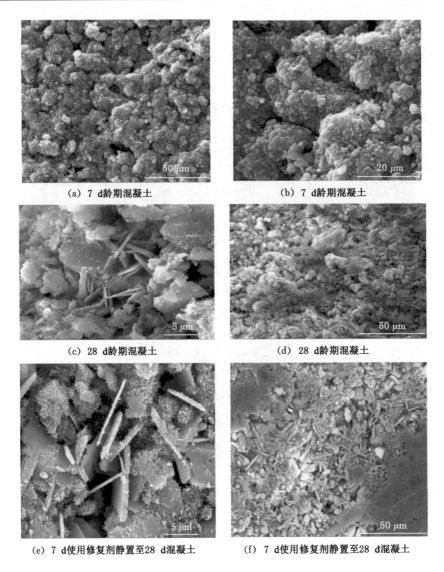

(a) 7 d龄期混凝土

(b) 7 d龄期混凝土

(c) 28 d龄期混凝土

(d) 28 d龄期混凝土

(e) 7 d使用修复剂静置至28 d混凝土

(f) 7 d使用修复剂静置至28 d混凝土

图 2-40　C18 混凝土扫描电镜图

比,28 d 混凝土表面较致密,即静置一段时间后,混凝土内部水化作用继续进行,产生了较多水化物,充填混凝土内部微裂缝及空隙;对比图 2-40(b)和(c)可以发现,涂抹修复剂后静置至 28 d 试块的表面比未涂抹修复剂 28 d 试块表面致密,也就是说,使用修复剂后,修复剂可以在混凝土表面形成致密的保护层,从而提高了混凝土的密实度,使得低强混凝土的性能得到一定程度的提高。

　　从混凝土内部生成物来说,对比图 2-40(b)和(c)可以发现,使用修复剂后的混凝土试块内有大量的针状物,也就是说,使用修复剂后,修复剂内的物质与混凝土内部物质发生反应,生成了新的物质,从而填充混凝土内部孔隙及微裂缝,提高混凝土密实度,促进提高了混凝土的性能。

2.6.3.2 XRF 结果及分析

为进一步了解修复剂在低强混凝土性能促进提高试验过程中,是否生成了新的物质,本节还进行了 XRF 试验,利用 X 射线荧光分析技术来得出试样所含元素种类及含量,分析使用修复剂前后混凝土试块内元素种类及其含量的变化,进而得出修复剂促进低强混凝土性能的机理。

表 2-14 给出了 C18 混凝土早龄期 7 d、28 d 和 7 d 使用修复剂静置至 28 d 试块的 XRF 检测结果。

表 2-14 样品 XRF 检测结果

分子式	Z	7 d 混凝土试块		28 d 混凝土试块		7 d 使用修复剂静置至 28 d 混凝土试块	
		含量/%	净强度	含量/%	净强度	含量/%	净强度
Al_2O_3	13	9.51	65.67	8.83	80.83	8.85	80.3
Ba	56	0.044	0.287 5	0.043	0.373 9	—	—
CaO	20	30.63	606.8	31.07	813.6	31.02	807.4
Cl	17	0.085 8	1.927	0.114	3.453	0.059 2	1.779
CO_3	6	25.8	基体	28.1	基体	27.5	基体
Fe_2O_3	26	3.373	189.4	3.391	256	3.53	266.1
K_2O	19	1.07	24.47	1.17	36.04	1.24	37.86
MgO	12	2.2	19.64	2.13	23.28	2.1	23.03
Mn	25	0.068 1	3.974	0.071	5.484	0.075 1	5.798
Na_2O	11	0.581	2.045	0.618	2.741	0.426	1.89
P	15	0.04	0.762 8	0.033	0.853 5	0.04	1.029
S	16	0.449	16.41	0.382	18.78	0.397	19.37
SiO_2	14	25.8	187.7	23.6	228.6	24.34	235.8
Sr	38	0.042 7	30.46	—	—	—	—
TiO_2	22	0.332	4.062	0.35	5.68	0.359	5.814

从表中可以看出,3 个混凝土样品中所含元素基本相同。针对各元素含量的多少,本节对样品中的主要物质——Al_2O_3、CaO、Fe_2O_3、K_2O、MgO、SiO_2 进行分析。含氧化合物中非氧元素的相对含量可以通过分子量的组成比例求出,如表 2-15 所示。

表 2-15　主要元素含量表

分子式	Z	7 d 混凝土试块		28 d 混凝土试块		7 d 涂抹修复剂静置至 28 d 混凝土试块	
		含量/%	净强度	含量/%	净强度	含量/%	净强度
Al	13	5.035	65.67	8.83	80.83	8.85	80.3
Ca	20	21.879	606.8	31.07	813.6	31.02	807.4
Fe	26	2.361	189.4	3.391	256	3.53	266.1
K	19	0.888	24.47	1.17	36.04	1.24	37.86
Mg	12	1.320	19.64	2.13	23.28	2.1	23.03
Na	11	0.431	2.045	0.618	2.741	0.426	1.89
Si	14	12.040	187.7	23.6	228.6	24.34	235.8

图 2-41 给出了样品中主要元素含量情况,图中样品 A 是 7 d 混凝土、B 是 28 d 混凝土、C 是 7 d 使用修复剂后静置至 28 d 混凝土。

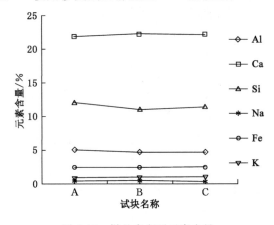

图 2-41　样品中主要元素含量

从图 2-41 中可以明显看出,样品中主要元素含量基本相同,没有较大变化,即使用与未使用修复剂试块所含元素种类并没有发生变化。由此可知,修复剂对低强混凝土性能的促进提高并不是通过产生新的物质来实现的,而是通过促进混凝土自身反应来实现的。

2.6.3.3　XRD 结果及分析

由 XRF 结果可知,涂抹修复剂前后混凝土内元素种类及含量基本不变。为了进一步得出使用修复剂前后混凝土内部物相的变化趋势,进行了 X 射线衍射试验。

图 2-42(a)～(c)分别给出了 7 d、28 d 和 7 d 涂抹修复剂静置至 28 d 混凝土的 X 射线衍射图。

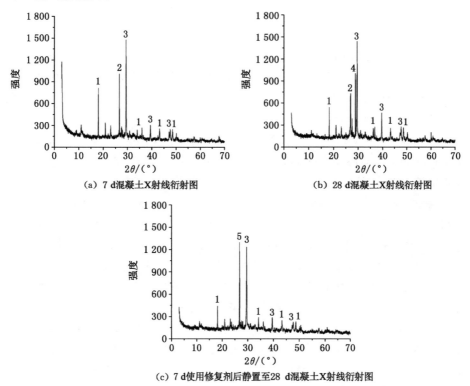

(a) 7 d混凝土X射线衍射图

(b) 28 d混凝土X射线衍射图

(c) 7 d使用修复剂后静置至28 d混凝土X射线衍射图

$1—Ca(OH)_2$；$2—SiO_2$；$3—CaSO_3$；$4—C—A—H$；$5—Ca_2SiO_3(OH)_2$。

图 2-42 混凝土 X 射线衍射图

从图 2-42 可以明显看出，7 d、28 d 和 7 d 涂抹修复剂静置至 28 d 混凝土的 X 射线衍射图有较大差别，三者图中均出现了 SiO_2 和 $CaSO_3$，且含量较稳定，这主要源于骨料或骨料所含的石粉。

对比图 2-42(a)和(b)可以发现，7 d 龄期混凝土内部水化产物不成熟，而 28 d 混凝土内部水化产物丰富，出现了新的水化产物 C—A—H。

对比图 2-42(b)和(c)可以发现，与 28 d 混凝土相比，7 d 涂抹修复剂静置至 28 d 混凝土内部出现了新的水化产物 $Ca_2SiO_3(OH)_2$，而且内部的 C—A—H 和 SiO_2 也出现了不同程度的减少，也就是说，在修复剂的促进作用下，混凝土内部 C—A—H 和 SiO_2 发生了反应，生成了新的物质，这可能是 SEM 照片中出现的针状物质。这也从物相方面解释了修复剂促进提高低强混凝土性能的机理。

2.7 本章小结

(1) 在早龄期和 28 d 混凝土表面涂抹修复剂静置至相同时间后,C18 和 C25 混凝土抗压强度明显高于未涂抹修复剂试块,且抗压强度提高率随修复剂用量的增加而提高。对早龄期涂抹修复剂的试块而言,修复剂的促进作用随修复剂涂抹时间的增长而稍微下降;28 d 涂抹时,修复剂的促进提高作用随静置时间的延长而有所降低。

(2) 修复剂对 C18 和 C25 混凝土弹性模量的促进作用随涂抹时间和用量的增加而提高。如 C18 混凝土,修复剂用量相同时,在 7 d 龄期混凝土表面涂抹修复剂静置至 28 d 时的弹性模量比 3 d 龄期涂抹时静置至 28 d 的高出 8.78%,在 14 d 龄期混凝土表面涂抹静置至 28 d 的弹性模量比 7 d 涂抹时静置至 28 d 的高出 7.18%;涂抹时间相同,用量为 0.9 kg/m² 的试块的弹性模量比用量为 0.6 kg/m² 的高出 2%~6%。对 28 d 混凝土而言,静置时间相同时,用量为 0.6 kg/m² 的试块的弹性模量比用量为 0.3 kg/m² 的高出 2%~5%。

(3) 修复剂对混凝土抗碳化性能的促进作用随涂抹时间、静置时间和修复剂用量的改变而改变。对 C18 混凝土,早期涂抹修复剂静置至 28 d 时混凝土碳化深度减小幅度随涂抹时间的增长而减小,但差值变化甚微;静置时间对修复剂促进提高 28 d 混凝土抗碳化性能的影响不明显。修复剂的促进作用随用量的增大而提高,尤其是 28 d 涂抹时,用量为 0.6 kg/m² 的试块的碳化深度降低率比用量为 0.3 kg/m² 的约高 10%。

(4) 早龄期和 28 d 混凝土涂抹修复剂后的抗渗透性能明显优于未涂抹修复剂试块,且提高率随用量的增长而上升,如 C18 混凝土,用量为 0.6 kg/m² 的试块的氯离子渗透系数比 0.3 kg/m² 低 10%,用量为 0.9 kg/m² 的比用量为 0.6 kg/m² 的低 7%。早期涂抹时,修复剂的促进作用随涂抹时间的增长而减弱;修复剂用量一致时,静置时间对修复剂促进提高混凝土的抗渗透性能的影响不大。

(5) 修复剂用量越多,对低强度混凝土性能的促进提高效果越好,用量为 0.9 kg/m² 和 0.6 kg/m² 对低强混凝土性能的促进提高作用比用量为 0.3 kg/m² 的高出 5%~10%,但从经济和实际操作等因素综合考虑来看,0.3 kg/m² 的用量最好。

(6) 从微观分析,涂抹修复剂后,混凝土表层的密实度得到了提高,且修复剂促进了混凝土内部物质的反应,生成了新的物质,从而促进提高了低强混凝土的性能。

3　高温后混凝土性能促进恢复试验研究

3.1　引言

火灾高温对混凝土的力学性能造成损伤已被众多学者研究证实,然而对于火灾高温对混凝土耐久性能劣化方面的研究还相对较少。

本章主要进行如下内容的试验研究:

(1) 修复剂对高温后混凝土抗压强度促进恢复研究;

(2) 修复剂对高温后混凝土弹性模量促进恢复研究;

(3) 修复剂对高温后混凝土抗碳化性能促进恢复研究;

(4) 修复剂对高温后混凝土抗氯离子渗透性能促进恢复研究。

3.2　高温后混凝土抗压强度促进恢复研究

3.2.1　试验概况

3.2.1.1　试验目的

通过对高温后混凝土涂抹修复剂后测试其抗压强度,与未涂抹修复剂的混凝土试块的抗压强度进行对比,得出修复剂的修复作用,同时分析不同加热温度、不同冷却方式、不同静置时间、不同强度混凝土等条件对促进恢复的影响。

3.2.1.2　试块的制作与分组

试验中所用的水泥为徐州中联水泥厂生产的巨龙牌水泥,等级分别为 P·R32.5(用于 C20 及 C35 混凝土配制)和 P·O42.5(用于 C60 的配制);砂为河砂,细度模数为 2.5(中砂);石子为碎石,连续粒级为 5~20 mm;水为饮用自来水。另外,为了防止 C60 混凝土高温过程中爆裂现象的发生,试验中按照 $0.9~kg/m^3$ 的掺量掺入了进口纤维。该纤维是由日本可乐丽公司开发生产的 KURALONK-Ⅱ新型纤维。该纤维为溶剂湿式冷却凝胶纺丝而制成的新型合成纤维,以波瓦尔(聚乙烯醇)树脂为原料,具有高强度、低伸度、耐碱性等特征。

三种强度等级的混凝土配合比如下:

C20 混凝土:水泥:水:砂:石=1:0.7:2.54:3.81;

C35 混凝土:水泥:水:砂:石=1:0.59:2.1:3.29;

C60 混凝土:水泥:水:砂:石=1:0.36:1.38:2.23。

C20、C35、C60 3 种强度混凝土养护至 28 d 时抗压强度分别为 21.34 MPa、36.82 MPa、62.98 MPa。

本试验对于 3 种强度等级的混凝土(C20、C35、C60),考虑 6 种高温温度(200 ℃、300 ℃、400 ℃、500 ℃、600 ℃、700 ℃)、2 种冷却方式(喷水冷却和自然冷却)和 2 个静置时间(28 d 及 90 d)。试块编号见表 3-1。弹性模量的测试试块编号规则同立方体试块的编号。

表 3-1 试块编号一览表

试件编号	加热温度/℃	冷却方式	养护时间/d	测试内容
C20、C35、C60	常温	—	—	
C2TX-A28-1,-2		自然冷却	28	抗压强度(弹性模量、氯离子渗透性)
C2TX-A90-1,-2	200~700	自然冷却	90	
C2TX-W28-1,-2		喷水冷却	28	
C2TX-W90-1,-2		喷水冷却	90	
C3TX-A28-1,-2		自然冷却	28	抗压强度(弹性模量、氯离子渗透性)
C3TX-A90-1,-2	200~700	自然冷却	90	
C3TX-W28-1,-2		喷水冷却	28	
C3TX-W90-1,-2		喷水冷却	90	
C6TX-A28-1,-2		自然冷却	28	抗压强度(弹性模量、氯离子渗透性)
C6TX-A90-1,-2	200~700	自然冷却	90	
C6TX-W28-1,-2		喷水冷却	28	
C6TX-W90-1,-2		喷水冷却	90	
C2TX-A28-7 d-1,-2		自然冷却	28	抗碳化性能
C2TX-A90-7 d-1,-2	200~700	自然冷却	90	
C2TX-W28-7 d-1,-2		喷水冷却	28	
C2TX-W90-7 d-1,-2		喷水冷却	90	

表3-1(续)

试件编号	加热温度/℃	冷却方式	养护时间/d	测试内容
C3TX-A28-7 d-1,-2		自然冷却	28	
C3TX-A90-7 d-1,-2	200~700	自然冷却	90	抗碳化性能
C3TX-W28-7 d-1,-2		喷水冷却	28	
C3TX-W90-7 d-1,-2		喷水冷却	90	
C6TX-A28-7 d-1,-2		自然冷却	28	
C6TX-A90-7 d-1,-2	200~700	自然冷却	90	抗碳化性能
C6TX-W28-7 d-1,-2		喷水冷却	28	
C6TX-W90-7 d-1,-2		喷水冷却	90	

说明:

① 编号规则为:C 表示混凝土强度,C2 表示 C20 混凝土,C3 表示 C35 混凝土,C6 表示 C60 混凝土;T 表示受火温度,X 代表温度分为 200~700 ℃;A 表示自然冷却,W 表示喷水冷却;后面数字分别表示高温后静置时间;编号最后的-1 表示使用修复剂,-2 表示未使用修复剂。

② 表中测试抗压强度、弹性模量和氯离子渗透性的试块编号相同。

3.2.2 试验过程

3.2.2.1 试验方案

混凝土的抗压强度按照《混凝土物理力学性能试验方法标准》(GB/T 50081—2019)进行测试。本章所选用的修复剂类型为国产 L 型修复剂,采用涂刷法进行施工,修复剂用量为 0.3 kg/m²。

3.2.2.2 试验装置

加热装置采用的电炉为中国矿业大学建筑结构与材料实验室研发的"GWD-05 型"专用高温加热炉,见图 3-1。该设备具有使用方便、可编程控温等优点,连接在高温计上的热电偶用来测量炉内温度,通过控制设备实现炉内温度的自动控制。试验升温速度约 5 ℃/min,达到目标温度后保持恒温 90 min。

加载装置同 2.2 节。

3.2.2.3 试验内容

按照试块分组表进行混凝土的浇筑,试块浇筑 24 h 后拆模放入水中养护,养护 28 d 后取出,气干 15 d 后进行高温试验,高温后的试块进行喷水冷却和自然冷却。修复剂的涂抹在试块完全冷却之后进行,为保证试块吸收修复剂的质量达到设计用量,先称取涂抹前试块质量,然后用毛刷在试块的 6 个面逐次涂刷,涂刷完毕后称取试块质量,达到设计涂抹量(0.3 kg/m²)即可,若一次涂抹

(a) 试验电炉　　　　　　　　　(b) 控温柜

图 3-1　试验电炉及其配套控温柜

无法达到设计用量,则进行多次涂抹,直至达到设计用量为止。涂抹修复剂的混凝土试块和未涂抹的试块放置在相同室内环境中静置,在此静置期间,对涂抹修复剂的试块进行为期 7 d 的喷水养护,目的为促进修复剂的吸收和提供修复剂发挥作用所需要的水。当静置时间达到设计龄期后,进行相关性能测试。对试验数据进行整理分析,进而分析修复效果及各种因素对促进恢复的影响。

3.2.3　试验结果及分析

3.2.3.1　温度对抗压强度修复的影响

混凝土高温后静置 28 d 和 90 d 后使用修复剂和未使用修复剂的抗压强度值见表 3-2,其对比分别见图 3-2、图 3-3。

表 3-2　混凝土抗压强度　　　　　　　　单位:MPa

混凝土强度等级	静置时间/d	冷却方式	是否使用修复剂	受火温度/℃					
				200	300	400	500	600	700
C20	28	自然冷却	使用修复剂	18.60	17.90	14.40	13.80	11.53	10.36
			未使用修复剂	17.60	16.60	13.07	12.22	10.19	8.66
		喷水冷却	使用修复剂	17.80	17.10	15.80	15.70	14.00	11.20
			未使用修复剂	16.61	15.94	14.50	14.30	12.81	9.71
	90	自然冷却	使用修复剂	19.00	17.30	15.50	14.60	12.60	10.90
			未使用修复剂	17.40	15.70	13.76	12.80	10.90	9.27
		喷水冷却	使用修复剂	19.60	18.40	16.10	16.00	14.00	11.80
			未使用修复剂	17.95	16.68	14.44	14.34	12.20	10.15

表3-2(续)

混凝土强度等级	静置时间/d	冷却方式	是否使用修复剂	受火温度/℃					
				200	300	400	500	600	700
C35	28	自然冷却	使用修复剂	33.00	32.60	27.67	24.53	20.95	16.46
			未使用修复剂	31.47	30.57	25.95	22.31	19.34	14.04
		喷水冷却	使用修复剂	30.80	28.50	29.00	25.00	24.60	21.83
			未使用修复剂	29.58	27.06	27.67	23.70	22.76	18.74
	90	自然冷却	使用修复剂	35.88	35.08	28.50	25.67	20.90	17.23
			未使用修复剂	33.81	31.83	25.78	23.25	18.41	14.57
		喷水冷却	使用修复剂	33.30	31.70	31.07	26.80	23.95	20.30
			未使用修复剂	31.93	30.08	28.95	25.20	22.00	18.00
C60	28	自然冷却	使用修复剂	59.91	51.40	46.90	42.30	31.37	28.78
			未使用修复剂	57.71	49.10	44.60	40.18	29.40	26.50
		喷水冷却	使用修复剂	59.23	54.75	52.20	45.70	38.35	35.25
			未使用修复剂	57.82	53.15	50.21	43.72	36.00	32.70
	90	自然冷却	使用修复剂	57.60	61.50	60.40	52.50	35.20	29.40
			未使用修复剂	55.55	58.62	57.00	49.70	32.70	26.50
		喷水冷却	使用修复剂	63.20	61.50	60.00	54.12	40.00	32.70
			未使用修复剂	61.21	59.30	57.45	51.40	37.41	29.97

为了更清晰地表述,本书提出修复剂对抗压强度提高率的概念:定义使用修复剂的混凝土抗压强度比未使用修复剂的混凝土抗压强度提高的百分比为修复剂对抗压强度的提高率,用字母 α 表示,计算公式为:

$$\alpha = \frac{f_{cu,1} - f_{cu,2}}{f_{cu,2}} \times 100\% \tag{3-1}$$

式中　$f_{cu,1}$——使用修复剂的抗压强度值,MPa;

　　　$f_{cu,2}$——未使用修复剂的抗压强度值,MPa。

由表3-2中的试验结果可知:C20混凝土经200 ℃、300 ℃、400 ℃、500 ℃、600 ℃和700 ℃高温自然冷却并静置28 d后,α 值分别为5.68%、7.83%、10.18%、12.93%、13.15%、19.63%,喷水冷却条件下 α 值分别为7.16%、7.28%、8.97%、9.79%、9.29%、15.35%。C35混凝土经200 ℃、300 ℃、400 ℃、500 ℃、600 ℃和700 ℃高温自然冷却并静置28 d后,α 值分别为4.86%、6.64%、6.63%、9.95%、8.32%、17.24%,喷水冷却条件下 α 值分别为4.12%、5.32%、4.81%、5.49%、8.08%、16.49%。C60混凝土经200 ℃、

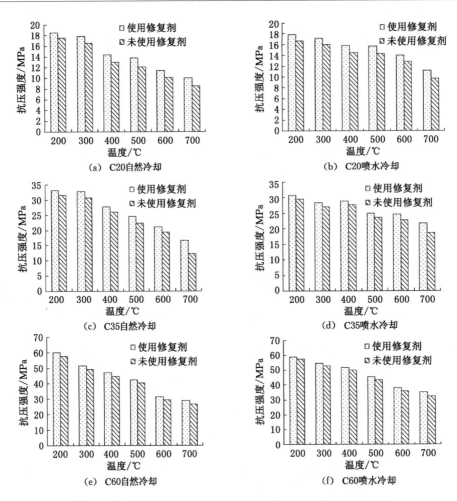

图 3-2　使用和未使用修复剂混凝土高温后 28 d 抗压强度对比

300 ℃、400 ℃、500 ℃、600 ℃和 700 ℃高温自然冷却并静置 28 d 后,α 值分别
为 3.81%、4.68%、5.16%、5.28%、6.70%、8.60%,喷水冷却条件下 α 值分别
为 2.44%、3.01%、3.96%、4.53%、6.53%、7.80%。

高温后静置 90 d,C20 混凝土经 200 ℃、300 ℃、400 ℃、500 ℃、600 ℃和
700 ℃高温自然冷却并静置 90 d 后,α 值分别为 9.20%、10.19%、12.65%、
14.06%、15.60%、17.58%,喷水冷却条件下 α 值分别为 9.19%、10.31%、
11.50%、11.58%、14.75%、16.26%。C35 混凝土经 200 ℃、300 ℃、400 ℃、
500 ℃、600 ℃和 700 ℃高温自然冷却并静置 90 d 后,α 值分别为 6.12%、
10.21%、10.55%、10.41%、13.53%、18.26%,喷水冷却条件下 α 值分别为

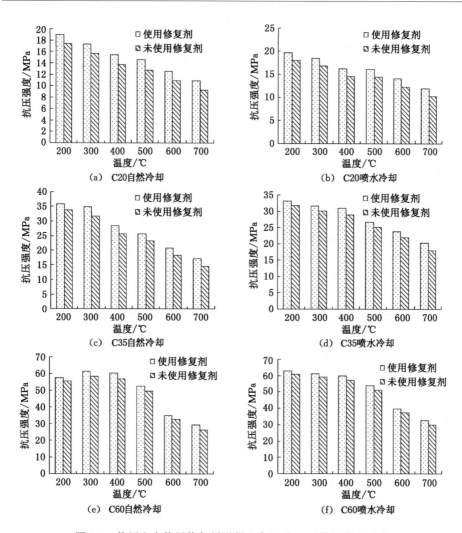

图 3-3 使用和未使用修复剂混凝土高温后 90 d 抗压强度对比

4.29%、5.39%、7.32%、6.35%、8.86%、12.78%。C60 混凝土经 200 ℃、300 ℃、400 ℃、500 ℃、600 ℃和 700 ℃高温自然冷却并静置 90 d 后,α 值分别为 3.69%、4.91%、5.96%、5.63%、7.65%、10.94%,喷水冷却条件下 α 值分别为 3.25%、3.71%、4.44%、5.29%、6.92%、9.11%。

由图 3-2 和图 3-3 可知,在各个温度及两种冷却方式下,使用了修复剂的混凝土抗压强度均高于未使用修复剂的混凝土,说明修复剂可以有效提高混凝土的抗压强度。同时可以看出,混凝土受火温度越高,修复剂对混凝土抗压强度的提高率 α 值越大,即修复效果越好。

原因分析:一方面,受火温度越高混凝土受到的破坏就越严重,利于修复剂的渗入。如 C35 混凝土在 700 ℃时修复效果较为明显,700 ℃后混凝土呈现出表面裂缝连通变宽、渗透性能严重降低、吸水性能明显增大等特点,这些特点有利于混凝土对修复剂的吸收,渗透的深度越深则对核心区域的修复效果就越好,所以 700 ℃时表现出的修复效果优于其他温度下的修复效果。另一方面,受火温度越高混凝土受损越严重,自我恢复能力越差,而使用了修复剂的混凝土在修复剂的促进恢复作用下可以得到一定程度的恢复,通过公式(3-1)计算出来的 α 值就越大。

3.2.3.2 冷却方式对抗压强度修复的影响

根据表 3-2 中的试验结果、按照式(3-1)计算出不同冷却方式下修复剂对混凝土抗压强度的提高率,见表 3-3。同时将不同冷却方式下修复剂对混凝土抗压强度的提高率随温度变化规律绘制成柱状图,见图 3-4。

表 3-3　混凝土抗压强度提高率(α) 　　　　　单位:%

混凝土强度等级	静置时间/d	冷却方式	受火温度/℃					
			200	300	400	500	600	700
C20	28	自然冷却	5.68	7.83	10.18	12.93	13.15	19.63
		喷水冷却	7.16	7.28	8.97	9.79	9.29	15.35
	90	自然冷却	9.20	10.19	12.65	14.06	15.60	17.58
		喷水冷却	9.19	10.31	11.50	11.58	14.75	16.26
C35	28	自然冷却	4.86	6.64	6.63	9.95	8.32	17.24
		喷水冷却	4.12	5.32	4.81	5.49	8.08	16.49
	90	自然冷却	6.12	10.21	10.55	10.41	13.53	18.26
		喷水冷却	4.29	5.39	7.32	6.35	8.86	12.78
C60	28	自然冷却	3.81	4.68	5.16	5.28	6.70	8.60
		喷水冷却	2.44	3.01	3.96	4.53	6.53	7.80
	90	自然冷却	3.69	4.91	5.96	5.63	7.65	10.94
		喷水冷却	3.25	3.71	4.44	5.29	6.92	9.11

由表 3-3 及图 3-3 和图 3-4 可知,各个温度下 3 种混凝土在同一静置时间点上,总体上呈现出修复剂对自然冷却后混凝土抗压强度的提高率大于喷水冷却后的提高率。即修复剂对自然冷却后的混凝土修复效果较好。

有资料表明[104]自然冷却后混凝土的自我恢复能力较差,在 28 d 时混凝土抗压强度出现了降低,在 90 d 时略有提高,而喷水冷却后的混凝土无论是 28 d

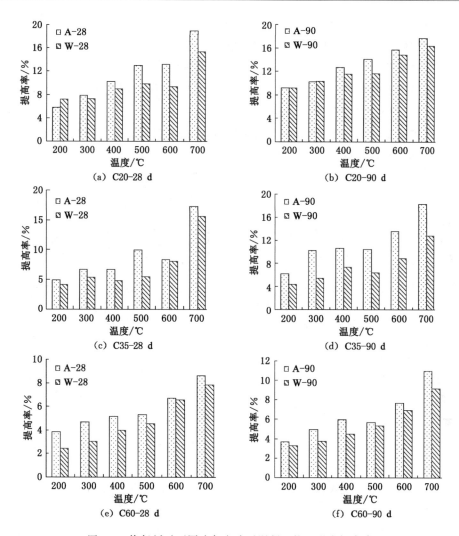

图 3-4　修复剂对不同冷却方式后混凝土抗压强度提高率

还是 90 d 时抗压强度均呈现出提高趋势,所以在 28 d 和 90 d 时,喷水冷却后所对应温度的 $f_{cu,2}$ 值大于自然冷却后对应温度的 $f_{cu,2}$ 值,虽然两种冷却方式后在 28 d 和 90 d 时各个温度所对应的 $f_{cu,1}$ 值不同,但其对 α 值的影响小于 $f_{cu,2}$ 的影响,所以通过式(3-1)的计算可知,自然冷却后的 α 值大于喷水冷却后的 α 值,即修复剂对自然冷却后的混凝土具有更好的修复作用。

　　而喷水冷却后混凝土 $f_{cu,2}$ 值较大的原因是混凝土进行了再次水化产生了新的水化产物,进而提高了混凝土的强度。再次水化所需的条件是水分的参与,喷水冷却后的混凝土在冷却时候吸收了大量的水,具备了再次水化的条件,自然冷却后的混凝土只能吸收空气中的水分,所吸收的水分对再次水化来说是不足的。所以喷水冷却后的 $f_{cu,2}$ 值要大于自然冷却后的 $f_{cu,2}$ 值,这也是喷水冷却后的混凝土的自我恢复效果比自然冷却的自我修复效果好的原因。

3.2.3.3　静置时间对抗压强度修复的影响

将表 3-3 中 28 d 和 90 d 时混凝土抗压强度提高率绘制成柱状图,以此来观察提高率随静置时间的变化规律,见图 3-5。

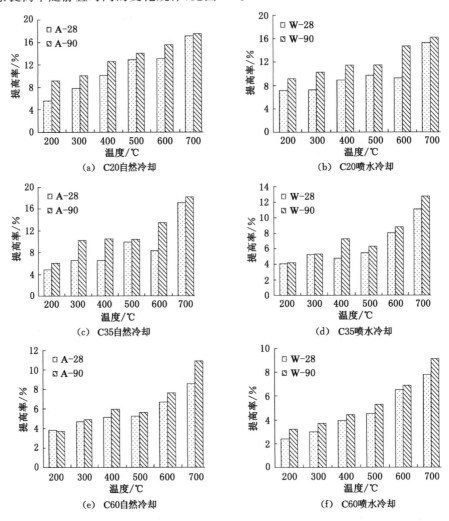

图 3-5　抗压强度提高率和静置时间的关系

由图 3-5 可知,28 d 时的提高率和 90 d 时的提高率相差不大,90 d 时的提高率略高于 28 d 时的提高率。由修复剂的性能可知,修复剂所形成的结晶体不会老化,渗透结晶多年以后遇水仍能激活水泥产生新的结晶体,将继续密封宽度小于 0.3 mm 的裂缝以完成修复的过程。虽然高温后的混凝土在喷水 7 d 后就没有再进行喷水,但混凝土吸收空气中的水分仍可以促进修复剂的修复作用,所以整体结果表现出 90 d 时的提高率略高于 28 d 时的提高率。

此外,高温后的混凝土在静置 28 d 到 90 d 的时间里,混凝土所进行的自我恢复程度较小,抗压强度虽有所提高,但提高幅度小于修复剂对混凝土的促进恢复程度,即静置时间的延长,混凝土抗压强度并没有明显的自我恢复。

在工程实际中,如果使用该种修复剂对高温后混凝土结构进行修复则应该在涂抹修复剂之后除了喷水养护 7 d,在后续的时间里还应根据实际情况进行定期洒水,激活修复剂,进一步修复混凝土。

3.2.3.4 不同强度混凝土的抗压强度修复对比

修复剂对 3 种强度混凝土抗压强度提高率的对比见图 3-6。

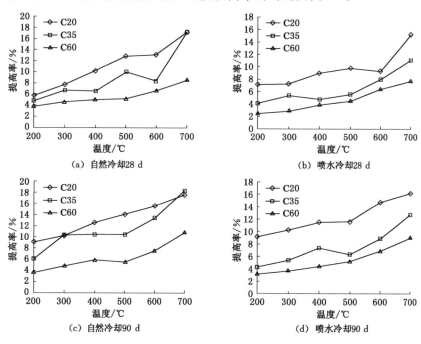

图 3-6 3 种混凝土修复效果对比

由图 3-6 可知,修复剂对 C20 混凝土修复效果最好,其次是 C35 混凝土,最后是 C60 混凝土。

一方面,修复剂对混凝土抗压强度的提高率和混凝土的自我恢复能力有很大关系,自我恢复能力越强,修复剂对混凝土抗压前度修复的提高率就越低。从静置 28 d 和 90 d 后未使用修复剂的混凝土的自我恢复情况来看,总体上来说 C60 混凝土的自我恢复能力最强,C35 混凝土其次,C20 混凝土最差。另一方面,一般来说强度越低的混凝土其内部就越为疏松,受火之后更是如此,混凝土越疏松越有利于修复剂的渗入,进而可以更好地促进恢复混凝土的抗压强度。

3.3 高温后混凝土弹性模量促进恢复研究

3.3.1 试验概况

3.3.1.1 试验目的

通过对高温后混凝土涂抹修复剂后测试其弹性模量,与未涂抹修复剂的混凝土试块的弹性模量进行对比,得出修复剂的修复作用,同时分析不同加热温度、不同冷却方式、不同静置时间、不同强度混凝土等条件对促进恢复的影响。

3.3.1.2 试块的制作与分组

试验考虑因素及试块分组同 3.2 节。

3.3.2 试验过程

3.3.2.1 试验方案

混凝土的弹性模量按照《混凝土物理力学性能试验方法标准》(GB/T 50081—2019)进行测试。本章所选用的修复剂类型同 3.2 节。

3.3.2.2 试验装置

加热装置同 3.2 节,加载装置同 2.2 节。

3.3.2.3 试验内容

同 2.3 节。

3.3.3 试验结果及分析

3.3.3.1 温度对弹性模量修复的影响

为了更清晰地表述,本书提出修复剂对弹性模量提高率的概念:定义使用修复剂的混凝土弹性模量比未使用修复剂的混凝土弹性模量提高的百分比为修复

剂对弹性模量的提高率,用字母 β 表示,计算公式如下:

$$\beta = \frac{E_1 - E_2}{E_2} \times 100\%$$ (3-2)

式中 E_1——高温后使用修复剂的混凝土弹性模量,10^3 MPa;

E_2——高温后未使用修复剂的混凝土弹性模量,10^3 MPa。

高温后静置至 28 d 和 90 d 使用修复剂和未使用修复剂混凝土弹性模量见表 3-4、图 3-7 和图 3-8。

表 3-4 混凝土弹性模量 单位:10^3 MPa

混凝土强度等级	静置时间/d	冷却方式	是否使用修复剂	受火温度/℃					
				200	300	400	500	600	700
C20	28	自然冷却	使用修复剂	18.80	12.12	7.81	5.40	3.49	2.96
			未使用修复剂	16.41	10.45	6.56	4.36	2.75	2.27
		喷水冷却	使用修复剂	19.00	14.93	10.40	8.20	4.60	2.90
			未使用修复剂	16.70	13.19	8.81	6.67	3.67	2.33
	90	自然冷却	使用修复剂	19.80	16.50	12.20	9.80	6.03	4.60
			未使用修复剂	17.08	13.80	9.51	7.28	4.37	3.30
		喷水冷却	使用修复剂	21.41	16.30	12.50	10.00	6.30	4.40
			未使用修复剂	18.64	14.08	10.19	7.70	4.70	3.20
C35	28	自然冷却	使用修复剂	31.60	19.00	9.60	6.34	4.32	3.97
			未使用修复剂	28.14	16.47	8.19	5.19	3.41	3.07
		喷水冷却	使用修复剂	24.70	19.52	10.90	7.40	4.10	3.35
			未使用修复剂	22.44	17.70	9.41	6.40	3.40	2.79
	90	自然冷却	使用修复剂	30.22	22.60	13.30	5.21	5.20	3.30
			未使用修复剂	26.23	19.50	10.65	4.07	3.97	2.50
		喷水冷却	使用修复剂	27.67	23.58	14.40	10.00	5.20	4.50
			未使用修复剂	24.87	20.83	12.30	8.05	4.19	3.65
C60	28	自然冷却	使用修复剂	35.80	30.00	20.30	8.82	6.56	4.89
			未使用修复剂	32.67	26.82	17.81	7.65	5.63	4.17
		喷水冷却	使用修复剂	41.10	33.10	19.54	9.40	7.23	6.03
			未使用修复剂	38.66	29.89	17.50	8.22	6.40	5.23
	90	自然冷却	使用修复剂	42.30	32.70	18.00	10.85	5.90	5.13
			未使用修复剂	37.72	29.16	15.53	9.13	4.81	4.25
		喷水冷却	使用修复剂	41.50	36.30	17.70	12.58	7.46	7.02
			未使用修复剂	38.04	32.30	15.57	10.67	6.47	6.03

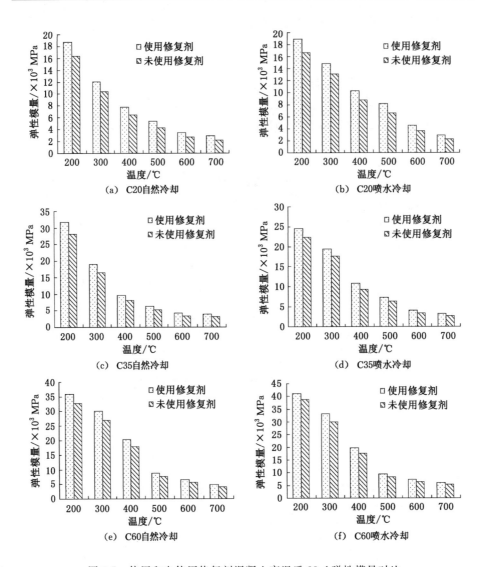

图 3-7　使用和未使用修复剂混凝土高温后 28 d 弹性模量对比

　　由表 3-4 中试验结果,根据公式(3-2)计算可知:静置 28 d 后,C20 混凝土遭遇 200 ℃、300 ℃、400 ℃、500 ℃、600 ℃ 和 700 ℃ 高温后在自然冷却条件下,β 值分别为 14.56%、15.98%、19.05%、23.85%、26.91%、30.40%,在喷水冷却条件下 β 值分别为 13.77%、13.19%、18.05%、22.94%、25.34%、24.46%。C35 混凝土遭遇 200 ℃、300 ℃、400 ℃、500 ℃、600 ℃ 和 700 ℃ 高温后在自然冷却条件下,β 值分别为 12.30%、15.36%、17.22%、22.16%、26.69%、29.32%,

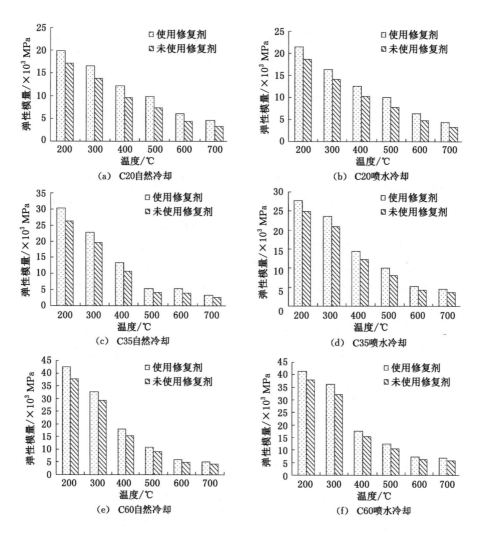

图 3-8 使用和未使用修复剂混凝土高温后 90 d 弹性模量对比

喷水冷却条件下 β 值分别为 10.07%、10.28%、15.83%、15.63%、20.59%、20.07%。C60 混凝土遭遇 200 ℃、300 ℃、400 ℃、500 ℃、600 ℃、700 ℃高温后在自然冷却条件下，β 值分别为 9.58%、11.86%、13.98%、15.29%、16.52%、17.27%，喷水冷却条件下 β 值分别为 6.31%、10.74%、11.66%、14.36%、12.97%、15.30%。

静置 90 d 后，C20 混凝土遭遇 200 ℃、300 ℃、400 ℃、500 ℃、600 ℃和 700 ℃高温后在自然冷却条件下，β 值分别为 15.93%、19.57%、28.29%、

34.62％、37.99％、39.39％，在喷水冷却条件下 β 值分别为 14.87％、15.77％、22.67％、29.87％、34.04％、37.50％。C35 混凝土遭遇 200 ℃、300 ℃、400 ℃、500 ℃、600 ℃和 700 ℃高温后在自然冷却条件下，β 值分别为 15.21％、15.90％、24.88％、28.01％、30.98％、32.00％，喷水冷却条件下 β 值分别为 11.26％、13.20％、17.07％、24.22％、24.11％、23.29％。C60 混凝土遭遇 200 ℃、300 ℃、400 ℃、500 ℃、600 ℃、700 ℃高温后在自然冷却条件下，β 值分别为 12.14％、12.14％、15.90％、18.84％、22.66％、20.71％，喷水冷却条件下 β 值分别为 9.10％、12.38％、13.68％、17.90％、15.30％、16.42％。

由图 3-7、图 3-8 可知，修复剂对高温后混凝土的弹性模量有较为理想的修复作用。总体上来说，修复剂对 3 种混凝土弹性模量的修复效果大体上呈现出受火温度越高，修复效果越好的趋势。修复提高作用主要是通过修复剂和高温后混凝土的反应，促进混凝土产生新的水化产物填补了高温裂缝，有效阻止混凝土的变形，从而提高混凝土的弹性模量。

同时，和修复剂对高温后混凝土抗压强度的修复结果相比，修复剂对混凝土弹性模量的提高率高于对抗压强度的提高率。主要是因为高温后混凝土所形成的高温裂缝对混凝土的弹性模量影响比对抗压强度的影响更大。高温后的混凝土在修复剂的参与下通过化学反应产生新的结晶填补了这些裂缝，所以修复剂对弹性模量所起到的修复作用较为明显。

3.3.3.2 冷却方式对弹性模量修复的影响

根据表 3-4 中的试验结果，按照式（3-2）计算出不同冷却方式下修复剂对混凝土弹性模量的提高率，见表 3-5。同时将不同冷却方式下修复剂对混凝土弹性模量提高率随温度变化规律绘制成柱状图，见图 3-9。

表 3-5 混凝土弹性模量提高率（β）　　　　单位：%

混凝土强度等级	静置时间/d	冷却方式	受火温度/ ℃					
			200	300	400	500	600	700
C20	28	自然冷却	14.56	15.98	19.05	23.85	26.91	30.40
		喷水冷却	13.77	13.19	18.05	22.94	25.34	24.46
	90	自然冷却	15.93	19.57	28.29	34.62	37.99	39.39
		喷水冷却	14.86	15.77	22.67	29.87	34.04	37.50

表3-5(续)

混凝土强度等级	静置时间/d	冷却方式	受火温度/℃					
			200	300	400	500	600	700
C35	28	自然冷却	12.30	15.36	17.22	22.16	26.69	29.32
		喷水冷却	10.07	10.28	15.83	15.63	20.59	20.07
	90	自然冷却	15.21	15.90	24.89	28.01	30.98	32.00
		喷水冷却	11.26	13.20	17.07	24.22	24.11	23.29
C60	28	自然冷却	9.58	11.86	13.98	15.29	16.52	17.27
		喷水冷却	6.31	10.74	11.66	14.36	12.97	15.30
	90	自然冷却	12.14	12.14	15.90	18.84	22.66	20.71
		喷水冷却	9.10	12.38	13.68	17.90	15.30	16.42

由表3-5和图3-9可知,修复剂对自然冷却后混凝土弹性模量的提高率高于对喷水冷却后混凝土弹性模量的提高率。同冷却方式对混凝土抗压强度修复效果的影响一样,冷却方式对弹性模量修复的影响也呈现出自然冷却的修复效果好于喷水冷却的现象。原因为自然冷却的混凝土在静置期间内弹性模量的自我恢复程度较小,而使用了修复剂的混凝土因为修复剂的促进恢复作用使混凝土的弹性模量提高,通过公式(3-2)计算可知,提高率较大;而喷水冷却后的混凝土因为水分的参与使混凝土弹性模量在静置期间内得到了较好的恢复,使用了修复剂的混凝土在混凝土自我恢复的基础上进行再提高,虽然其弹性模量值大于自然冷却混凝土,但提高率小于自然冷却混凝土所对应的提高率。

3.3.3.3　静置时间对弹性模量修复的影响

将表3-5中28 d和90 d时候混凝土弹性模量提高率绘制成柱状图,以此来观察提高率随静置时间的变化规律,见图3-10。

由图3-10可知,修复剂对高温后混凝土弹性模量的修复在不同的静置时间后表现出不同程度的修复作用,总体上来说静置90 d的修复效果比静置28 d的修复效果好。

90 d时的提高率 β 值比28 d时的提高率 β 值大,可以从两个方面来进行解释:首先,高温后的混凝土在静置90 d后其弹性模量相比于28 d时略有增加,但增加幅度不大;其次,修复剂所形成的晶体遇水之后仍可以促进混凝土恢复,其90 d时的弹性模量相比于28 d时的弹性模量有进一步的提高,提高幅度比未使用修复剂情况大。结合公式(3-2)可知90 d时的提高率 β 值大于28 d时的 β 值。

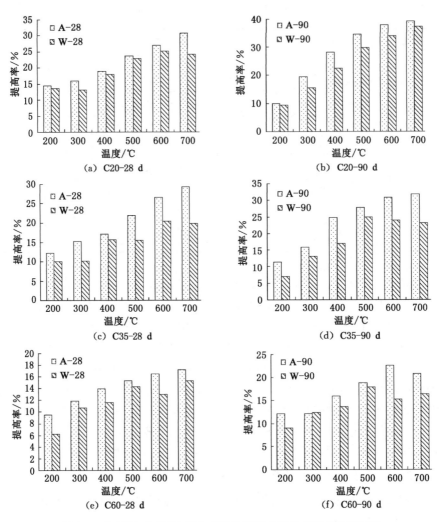

图 3-9　修复剂对不同冷却方式后的混凝土弹性模量提高率对比

3.3.3.4　不同强度混凝土的弹性模量修复对比

修复剂对 3 种强度混凝土弹性模量的提高率对比见图 3-11。

从图 3-11 中可以看出,修复剂对 3 种混凝土的修复效果并不相同,总体上呈现出修复剂对 C60 混凝土的修复效果相对较差,对 C20 和 C35 两种混凝土的修复效果较好的趋势,这说明修复剂对强度相对较低的混凝土有更好的修复效果。

弹性模量提高率 β 值的大小和混凝土的自我恢复能力有很大关系,自我恢复能力越强,β 值就越低。从静置 28 d 和 90 d 后未使用修复剂的混凝土的自我

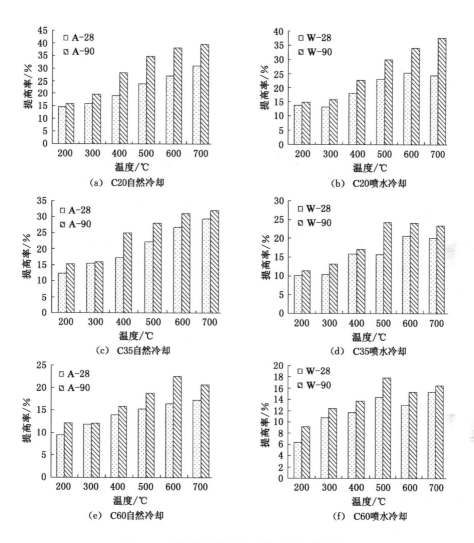

图 3-10 弹性模量提高率和静置时间的关系

恢复情况来看,总体上来说 C60 混凝土的自我恢复能力最强,C35 混凝土其次,C20 混凝土最差。混凝土的自我恢复能力和混凝土的水灰比有很大关系,一般来说水灰比越小,自我恢复能力越强。所以试验结果呈现出 C60 混凝土的自我恢复能力最好,进而修复剂对其的提高率最低,而 C20 混凝土的水灰比最大,自我恢复能力最差,修复剂对其的提高率也最高。

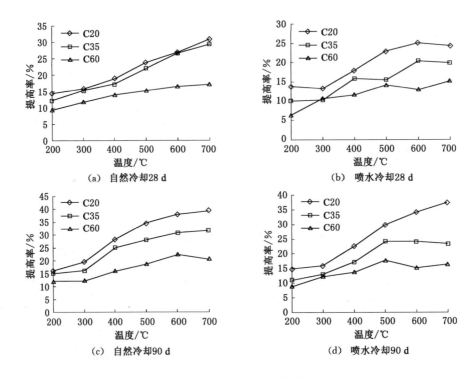

图 3-11　三种混凝土修复效果对比

3.4　高温后混凝土抗碳化性能促进恢复研究

3.4.1　试验设计

3.4.1.1　试验目的

通过对高温后混凝土涂抹修复剂后测试其抗碳化性能,与未涂抹修复剂的混凝土试块的抗碳化性能进行对比,衡量修复剂的修复效果,同时分析不同加热温度、不同冷却方式、不同静置时间、不同强度混凝土等条件对混凝土高温后性能促进恢复的影响。

3.4.1.2　试块的制作与分组

混凝土经过 500 ℃及以上的高温后中性化程度已非常严重,喷酚酞试剂后已不显色,为此本章对抗碳化性能的修复试验中不考虑 500 ℃及以上的高温,仅进行 200 ℃、300 ℃、400 ℃等 3 个受火温度后混凝土抗碳化性能修复的试验研究。试块分组同 3.2 节。

3.4.2　试验过程

3.4.2.1　试验方案

混凝土的抗碳化性能测试按照《普通混凝土长期性能和耐久性能试验方法标准》(GB/T 50082—2009)进行测试。本章所选用的修复剂类型同 3.2 节。

3.4.2.2　试验装置

加热装置同 3.2 节,碳化装置同 2.4 节。

3.4.2.3　试验内容

同 2.4 节。

3.4.3　试验结果与分析

3.4.3.1　温度对混凝土抗碳化性能修复的影响

高温后混凝土分别静置 28 d 和 90 d 后的碳化深度值,见表 3-6 及图 3-12 和图 3-13。(注:本章所说的碳化深度均指将混凝土试块放入碳化箱内加速碳化 7 d 后的碳化深度。)

表 3-6　混凝土碳化深度值　　　　　　单位：mm

混凝土强度等级	静置时间/d	冷却方式	是否使用修复剂	受火温度/℃		
				200	300	400
C20	28	自然冷却	使用修复剂	12.43	20.70	50.00
			未使用修复剂	15.12	24.30	50.00
		喷水冷却	使用修复剂	12.01	21.10	50.00
			未使用修复剂	14.31	24.39	50.00
	90	自然冷却	使用修复剂	12.05	18.80	50.00
			未使用修复剂	14.25	21.35	50.00
		喷水冷却	使用修复剂	10.85	19.70	50.00
			未使用修复剂	12.15	21.80	50.00

表3-6(续)

混凝土强度等级	静置时间/d	冷却方式	是否使用修复剂	受火温度/℃		
				200	300	400
C35	28	自然冷却	使用修复剂	11.58	14.13	22.02
			未使用修复剂	13.78	16.62	24.90
		喷水冷却	使用修复剂	12.04	14.60	22.15
			未使用修复剂	13.40	16.00	24.10
	90	自然冷却	使用修复剂	10.89	13.23	20.80
			未使用修复剂	12.96	15.73	22.90
		喷水冷却	使用修复剂	9.84	13.60	21.68
			未使用修复剂	10.49	14.90	23.60
C60	28	自然冷却	使用修复剂	1.50	7.52	21.61
			未使用修复剂	3.35	9.50	23.80
		喷水冷却	使用修复剂	2.79	7.44	21.52
			未使用修复剂	3.14	8.70	22.95
	90	自然冷却	使用修复剂	1.35	7.20	20.36
			未使用修复剂	2.59	8.70	22.40
		喷水冷却	使用修复剂	2.35	7.03	20.32
			未使用修复剂	2.43	8.00	21.35

本书用 χ 表示未使用修复剂的混凝土碳化深度与使用修复剂混凝土的碳化深度差值,即使用修复剂混凝土的碳化深度减小值,以此来衡量修复剂对混凝土抗碳化性能的修复效果。表达式为:

$$\chi = D_2 - D_1 \tag{3-3}$$

式中 D_2——未使用修复剂混凝土的碳化深度值,mm;

D_1——使用修复剂混凝土的碳化深度值,mm。

由公式(3-3)可知,χ 值越大表示修复剂对混凝土抗碳化性能的修复效果越好。

由图3-12、图3-13可知,高温后混凝土在静置28 d 和90 d 时,使用修复剂

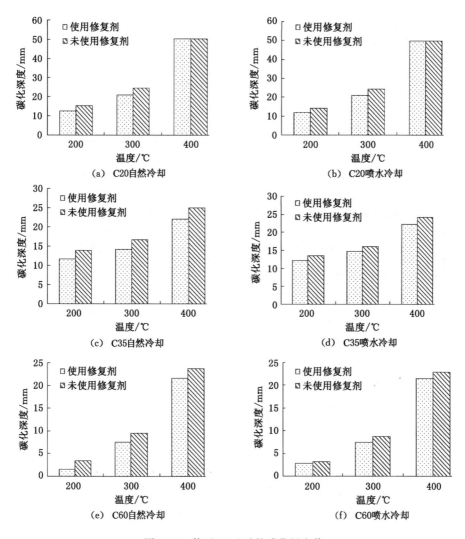

图 3-12　静置 28 d 后的碳化深度值

混凝土的碳化深度均小于未使用修复剂混凝土的碳化深度,即修复剂对高温后混凝土的抗碳化性能可以起到很好的修复作用。

根据表 3-6 中试验结果,按照公式(3-3)计算可知,静置 28 d 后,C20 混凝土经过 200 ℃、300 ℃、400 ℃高温并自然冷却后,χ 值分别为 2.69 mm、3.60 mm、0.00 mm,喷水冷却后 χ 值分别为 2.30 mm、3.29 mm、0.00 mm;C35 混凝土经过 200 ℃、300 ℃、400 ℃高温并自然冷却后,χ 值分别为 2.20 mm、2.49 mm、2.88 mm,喷水冷却后 χ 值分别为 1.36 mm、1.40 mm、1.95 mm;C60 混凝土经

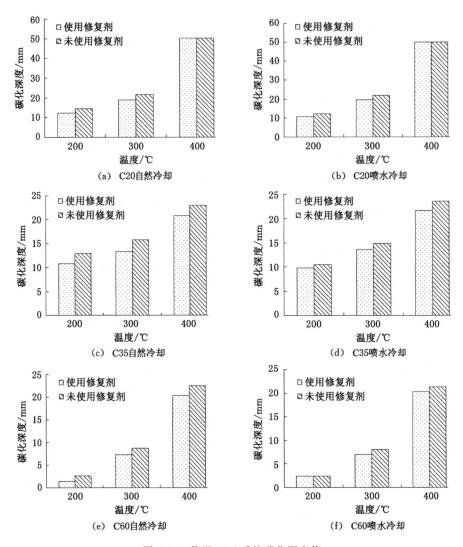

图 3-13　静置 90 d 后的碳化深度值

过 200 ℃、300 ℃、400 ℃高温并自然冷却后,χ 值分别为 1.85 mm、1.98 mm、2.19 mm,喷水冷却后 χ 值分别为 0.35 mm、1.26 mm、1.43 mm。

　　静置 90 d 后,C20 混凝土经过 200 ℃、300 ℃、400 ℃高温并自然冷却后,χ 值分别为 2.20 mm、2.55 mm、0.00 mm,喷水冷却后 χ 值分别为 1.30 mm、2.10 mm、0.00 mm;C35 混凝土经过 200 ℃、300 ℃、400 ℃高温并自然冷却后,χ 值分别为 2.07 mm、2.50 mm、2.10 mm,喷水冷却后 χ 值分别为 0.65 mm、1.30 mm、1.92 mm;C60 混凝土经过 200 ℃、300 ℃、400 ℃高温并自然冷却后,

χ 值分别为 1.24 mm、1.50 mm、2.04 mm,喷水冷却后 χ 值分别为 0.08 mm、0.97 mm、1.03 mm。

由上述计算及分析结果可知,χ 值随着混凝土受火温度升高而增大,这说明修复剂对高温后混凝土抗碳化性能的修复作用随着混凝土受火温度的升高而增强。分析原因为:一方面,混凝土受火温度越高,表面的裂缝就越多,有利于修复剂渗入混凝土内,进而更好地促进恢复混凝土的抗碳化性能。另一方面,混凝土受火温度越高,其抗碳化性能就越难以恢复,而使用了修复剂的混凝土,由于修复剂的促进恢复作用,使混凝土的抗碳化性能得到了较好的恢复,这样混凝土受火温度越高 χ 值就越大。

分析修复剂提高混凝土抵抗碳化的能力的原因为:修复剂渗入混凝土并与内部物质发生化学反应,再次水化生成新的晶体填充了混凝土内部的裂缝,有效地阻止二氧化碳的进入,这阻止了混凝土的碳化,进而提高高温后混凝土的抗碳化能力。

3.4.3.2 冷却方式对抗碳化性能修复的影响

表 3-7 给出了不同冷却方式下未使用修复剂与使用修复剂混凝土碳化深度差值,即 χ 值的对比,以此来分析冷却方式对混凝土抗碳化性能修复效果的影响。

表 3-7   不同冷却方式下修复剂修复效果对比

混凝土类型	高温后静置时间/d	高温温度/℃	自然冷却			喷水冷却		
			D_1/mm	D_2/mm	χ/mm	D_1/mm	D_2/mm	χ/mm
C20	28	200	12.43	15.12	2.69	12.01	14.31	2.30
		300	20.70	24.30	3.60	21.10	24.39	3.29
		400	50.00	50.00	0.00	50.00	50.00	0.00
	90	200	12.05	14.25	2.20	10.85	12.15	1.30
		300	18.80	21.35	2.55	19.70	21.80	2.10
		400	50.00	50.00	0.00	50.00	50.00	0.00
C35	28	200	11.58	13.78	2.20	12.04	13.40	1.36
		300	14.13	16.62	2.49	14.60	16.00	1.40
		400	22.02	24.90	2.88	22.15	24.10	1.95
	90	200	10.89	12.96	2.07	9.84	10.49	0.65
		300	13.23	15.73	2.50	13.60	14.90	1.30
		400	20.80	22.90	2.10	21.68	23.60	1.92

表3-7(续)

混凝土类型	高温后静置时间/d	高温温度/℃	自然冷却			喷水冷却		
			D_1/mm	D_2/mm	χ/mm	D_1/mm	D_2/mm	χ/mm
C60	28	200	1.50	3.35	1.85	2.79	3.14	0.35
		300	7.52	9.50	1.98	7.44	8.70	1.26
		400	21.61	23.80	2.19	21.52	22.95	1.43
	90	200	1.35	2.59	1.24	2.35	2.43	0.08
		300	7.20	8.70	1.50	7.03	8.00	0.97
		400	20.36	22.40	2.04	20.32	21.35	1.03

由表 3-7 中两种冷却方式下 χ 值的对比可知,总体上来说修复剂对自然冷却后的混凝土修复效果较好。三种混凝土均表现出相同的规律。

相关资料表明[104],高温后混凝土的抗碳化性能很难得到较好的自我恢复,然而使用了修复剂的混凝土可以使混凝土再次水化,促进混凝土的修复。对不同的冷却方式来说,自然冷却后的自我恢复程度比喷水冷却的更差,由公式(3-3)可知,自然冷却后的 χ 值更大一些。所以,试验结果表现出修复剂对自然冷却后的混凝土的修复效果更好。如 C60 混凝土在静置 90 d 时,自然冷却条件下碳化深度差值分别为 1.24 mm、1.50 mm、2.04 mm,喷水冷却条件下碳化深度差值分别为 0.08 mm、0.97 mm、1.03 mm。

3.4.3.3 静置时间对抗碳化性能修复的影响

三种混凝土不同静置时间后的 χ 值见表 3-8。

表 3-8 不同静置时间后的 χ 值 单位:mm

混凝土类型	冷却方式	静置时间/d	高温温度/℃		
			200	300	400
C20	自然冷却	28	2.69	3.60	0.00
		90	2.20	2.55	0.00
	喷水冷却	28	2.30	3.29	0.00
		90	1.30	2.10	0.00
C35	自然冷却	28	2.20	2.49	2.88
		90	2.07	2.50	2.10
	喷水冷却	28	1.36	1.40	1.95
		90	0.65	1.30	1.92

表3-8(续)

混凝土类型	冷却方式	静置时间/d	高温温度/℃		
			200	300	400
C60	自然冷却	28	1.85	1.98	2.19
		90	1.24	1.50	2.04
	喷水冷却	28	0.35	1.26	1.43
		90	0.08	0.97	1.03

从表3-8中可以看出,总体上来说,三种混凝土无论哪种冷却方式下的混凝土90 d时的χ值比28 d时的χ值小,即修复剂对混凝土抗碳化性能的修复在28 d时更好。

参考文献[104],高温后混凝土的抗碳化性能难以自我恢复,尤其是短期内,很难得到较好的恢复。静置90 d后,抗碳化性能略有恢复,恢复机理是在水的参与下混凝土再水化产生新的水化产物。而使用了修复剂的混凝土在修复剂的促进恢复作用下,抗碳化性能得到了一定的恢复,但是从28 d到90 d,使用了修复剂的混凝土抗碳化性能提高幅度也是较小的。在公式(3-3)中,90 d时的 D_2 值比28 d时的小,而 D_1 值在两个静置时间点上相差不大,即在计算出的χ值28 d时的大,90 d时的小。

3.4.3.4　不同强度混凝土的抗碳化性能修复结果对比

3种强度的混凝土χ值见表3-9。

表3-9　3种强度混凝土 χ 值　　　　　　单位:mm

冷却方式	混凝土类型	静置28 d			静置90 d		
		200 ℃	300 ℃	400 ℃	200 ℃	300 ℃	400 ℃
自然冷却	C20	2.69	3.60	0.00	2.20	2.55	0.00
	C35	2.20	2.49	2.88	2.07	2.50	2.10
	C60	1.85	1.98	2.19	1.24	1.50	2.04
喷水冷却	C20	2.30	3.29	0.00	1.30	2.10	0.00
	C35	1.37	1.40	1.95	0.65	1.30	1.92
	C60	0.35	1.26	1.43	0.08	0.97	1.03

由表3-9中可以看出,修复剂对C20混凝土的修复效果最好,C35混凝土其次,C60混凝土最差。

一般来说,强度越低的混凝土抗碳化性能越差,因为低强度的混凝土密实度小,内部结构疏松,易于 CO_2 的入侵。C20 混凝土的抗碳化性能比 C35 混凝土差,C35 混凝土又比 C60 混凝土差,高温后更是如此,在静置期间内低强度的混凝土自我恢复能力比强度高的混凝土弱,即公式(3-3)中 C20 混凝土对应的 D_2 值更大。同时,低强度混凝土内部较为疏松、密实度小,有利于修复剂的渗入,混凝土可以得到较好的修复。因此,试验结果呈现出对低强度混凝土具有更好修复效果的结果。

3.5 高温后混凝土抗渗透性能促进恢复研究

3.5.1 试验设计

3.5.1.1 试验目的

通过对高温后混凝土涂抹修复剂后测试其抗渗透性能,与未涂抹修复剂的混凝土试块的抗渗透性能进行对比,衡量修复剂的修复效果,同时分析不同加热温度、不同冷却方式、不同静置时间、不同强度混凝土等条件对促进恢复混凝土抗渗透性能的影响。

3.5.1.2 试块分组

试块分组见 3.2 节。

3.5.2 试验过程

3.5.2.1 试验方案

混凝土的抗渗透性能测试按照《普通混凝土长期性能和耐久性能试验方法标准》(GB/T 50082—2009)进行。本章所选用的修复剂类型同 3.2 节。

3.5.2.2 试验装置

试验装置同 2.5 节。

3.5.2.3 试验方法

试验方法同 2.5 节。

3.5.3 试验结果与分析

高温后的混凝土除了强度、弹性模量等力学性能严重劣化外,抗渗透性能也会严重劣化。高温致使混凝土变得疏松、产生裂缝,氯离子和有害气体进入混凝土内部的机会增加,破坏钢筋表面的钝化膜,致使钢筋锈蚀,危害整个钢筋混凝土结构。

本书进行高温后混凝土氯离子渗透性能的促进恢复试验研究,采用氯离子渗透系数作为衡量混凝土渗透性能的指标。

3.5.3.1 温度对氯离子渗透性能修复的影响

为方便表述,本书中定义氯离子渗透系数降低率(符号δ)来表征修复剂的修复效果,计算公式如下,

$$\delta = \frac{D_{c\text{-}2} - D_{c\text{-}1}}{D_{c\text{-}2}} \times 100\% \qquad (3\text{-}4)$$

式中 $D_{c\text{-}1}$——使用修复剂的混凝土氯离子渗透系数,$10^{-12}\,\mathrm{m^2/s}$;

$D_{c\text{-}2}$——未使用修复剂的混凝土氯离子渗透系数,$10^{-12}\,\mathrm{m^2/s}$;

δ——氯离子渗透系数的降低率,%。

三种混凝土不同温度下修复剂对混凝土抗氯离子渗透性能修复的试验结果见表 3-10、图 3-14 和图 3-15。

表 3-10 混凝土氯离子渗透系数　　　　单位:$10^{-12}\,\mathrm{m^2/s}$

混凝土强度等级	静置时间/d	冷却方式	是否使用修复剂	受火温度/℃					
				200	300	400	500	600	700
C20	28	自然冷却	使用修复剂	5.33	6.75	8.08	8.60	10.37	13.10
			未使用修复剂	4.81	5.54	5.71	6.07	6.50	7.80
		喷水冷却	使用修复剂	6.22	6.68	7.69	9.88	11.25	12.40
			未使用修复剂	5.76	5.67	6.12	7.41	8.33	8.80
	90	自然冷却	使用修复剂	5.35	6.69	7.98	8.24	9.56	11.00
			未使用修复剂	4.36	5.26	5.98	6.25	7.45	8.14
		喷水冷却	使用修复剂	4.98	5.20	6.80	8.40	9.20	10.50
			未使用修复剂	4.32	4.57	5.98	7.54	8.15	9.08
C35	28	自然冷却	使用修复剂	2.67	2.73	3.66	4.94	7.76	10.59
			未使用修复剂	2.40	2.20	2.80	3.66	5.17	6.49
		喷水冷却	使用修复剂	2.98	3.08	4.25	6.40	8.08	9.73
			未使用修复剂	2.67	2.67	3.53	5.02	6.20	7.14
	90	自然冷却	使用修复剂	2.35	2.61	2.75	4.00	5.15	8.94
			未使用修复剂	1.93	2.20	2.28	3.40	4.00	6.60
		喷水冷却	使用修复剂	2.22	2.34	2.65	3.67	4.20	7.03
			未使用修复剂	2.11	2.24	2.56	3.56	4.00	6.43

表 3-10(续)

混凝土强度等级	静置时间/d	冷却方式	是否使用修复剂	受火温度/℃					
				200	300	400	500	600	700
C60	28	自然冷却	使用修复剂	3.98	5.35	5.82	8.06	9.89	12.78
			未使用修复剂	3.64	4.70	5.13	6.80	7.74	8.88
		喷水冷却	使用修复剂	4.12	5.40	6.59	8.40	9.70	11.58
			未使用修复剂	3.84	4.94	6.00	7.50	8.24	8.57
	90	自然冷却	使用修复剂	3.87	4.98	5.82	7.45	8.69	10.54
			未使用修复剂	3.62	4.58	5.36	6.74	7.48	8.65
		喷水冷却	使用修复剂	3.47	4.68	5.74	6.58	8.05	9.24
			未使用修复剂	3.32	4.48	5.39	6.24	7.67	8.24

从表 3-10 中的试验结果可知,修复剂对高温后混凝土具有良好的修复作用,可以有效提高高温后混凝土抗氯离子渗透能力。静置 28 d 时,C20 混凝土经受 200 ℃、300 ℃、400 ℃、500 ℃、600 ℃和 700 ℃高温后在自然冷却条件下,δ 值分别为 9.67%、17.88%、29.28%、29.42%、37.32%、40.46%,喷水冷却条件下 δ 值分别为 7.40%、15.12%、20.42%、25.00%、25.96%、29.03%;C35 混凝土经受 200 ℃、300 ℃、400 ℃、500 ℃、600 ℃和 700 ℃高温后在自然冷却条件下,δ 值分别为 10.11%、19.41%、23.50%、25.91%、33.38%、38.72%,喷水冷却条件下 δ 值分别为 10.40%、13.31%、16.94%、21.56%、23.27%、26.62%;C60 混凝土经受 200 ℃、300 ℃、400 ℃、500 ℃、600 ℃和 700 ℃高温后在自然冷却条件下,δ 值分别为 8.54%、12.15%、11.86%、15.60%、21.71%、30.52%,喷水冷却条件下 δ 值分别为 6.80%、8.52%、8.95%、10.71%、15.05%、25.99%。

静置 90 d 后,C20 混凝土经受 200 ℃、300 ℃、400 ℃、500 ℃、600 ℃和 700 ℃高温后在自然冷却条件下,δ 值分别为 18.50%、21.38%、25.06%、24.15%、22.07%、26.00%,喷水冷却条件下 δ 值分别为 13.25%、12.12%、12.06%、10.24%、11.41%、13.52%;C35 混凝土经受 200 ℃、300 ℃、400 ℃、500 ℃、600 ℃和 700 ℃高温后在自然冷却条件下,δ 值分别为 17.87%、15.71%、17.09%、15.00%、22.33%、26.17%,喷水冷却条件下 δ 值分别为 4.95%、4.27%、3.40%、3.00%、4.76%、8.53%;C60 混凝土经受 200 ℃、300 ℃、400 ℃、500 ℃、600 ℃和 700 ℃高温后在自然冷却条件下,δ 值分别为 6.46%、8.03%、7.90%、9.53%、13.92%、17.93%,喷水冷却条件下 δ 值分别为 4.32%、4.27%、6.10%、5.17%、4.72%、10.82%。

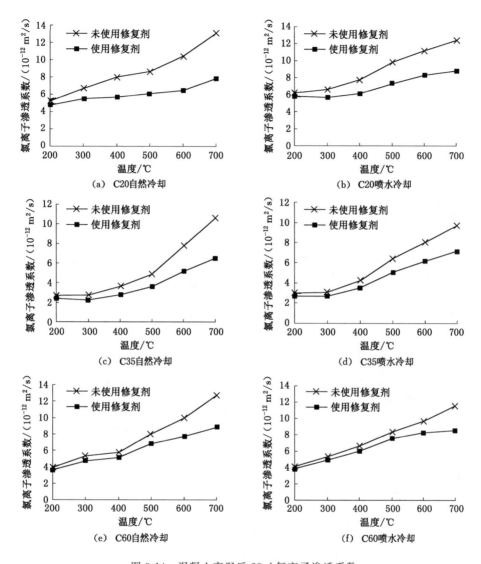

图 3-14　混凝土高温后 28 d 氯离子渗透系数

从图 3-14 和图 3-15 可以看出,无论是 28 d 还是 90 d 修复剂均可以有效提高高温后混凝土的抗氯离子渗透性能,且随着受火温度的升高,提高幅度越大。高温后的混凝土使用了修复剂后,混凝土中的水泥与之反应,再次水化产生的水化产物可以有效地填充混凝土内部的裂缝,进而降低氯离子渗透系数,提高抗氯离子渗透性能。

混凝土受火温度越高,其所受到的损伤越严重,内部所产生的裂缝也越多,

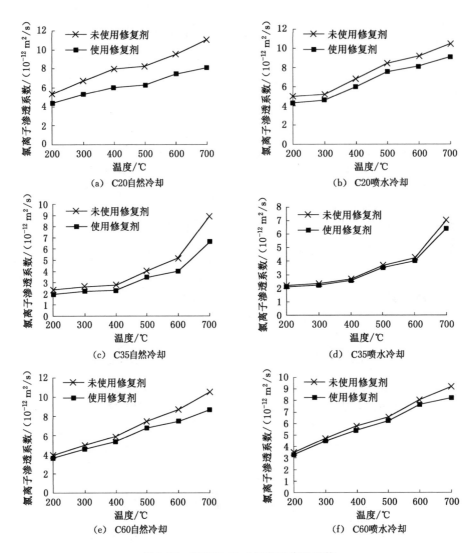

图 3-15 高温后 90 d 氯离子渗透系数

有利于修复剂的渗入,混凝土所得到的修复效果也就越好。所以整体结果表现出随着受火温度的升高,修复剂对混凝土抗氯离子渗透性能的修复效果越好的趋势。

3.5.3.2 冷却方式对氯离子渗透性能修复的影响

根据表 3-10 中的试验结果、按照公式(3-4)计算出不同冷却方式下修复剂对混凝土氯离子渗透系数的降低率,见表 3-11。同时将不同冷却方式下修复剂对混凝土氯离子渗透系数降低率随温度变化规律绘制成曲线图,见图 3-16。

表 3-11　混凝土氯离子渗透系数降低率(δ)　　　　单位:%

混凝土强度等级	静置时间/d	冷却方式	受火温度/℃					
			200	300	400	500	600	700
C20	28	自然冷却	9.67	17.88	29.28	29.42	37.32	40.46
		喷水冷却	7.40	15.12	20.42	25.00	25.96	29.03
	90	自然冷却	18.50	21.38	25.06	24.15	22.07	26.00
		喷水冷却	13.25	12.12	12.06	10.24	11.41	13.52
C35	28	自然冷却	10.11	19.41	23.50	25.91	33.38	38.72
		喷水冷却	10.40	13.31	16.94	21.56	23.27	26.62
	90	自然冷却	17.87	15.71	17.09	15.00	22.33	26.17
		喷水冷却	4.95	4.27	3.40	3.00	4.76	8.53
C60	28	自然冷却	8.54	12.15	11.86	15.60	21.71	30.52
		喷水冷却	6.80	8.52	8.95	10.71	15.05	25.99
	90	自然冷却	6.46	8.03	7.90	9.53	13.92	17.93
		喷水冷却	4.32	4.27	6.10	5.17	4.72	10.82

从表 3-11 及图 3-16 中可以看出,高温后静置 28 d,三种混凝土在自然冷却条件下的修复效果比喷水冷却后的修复效果好。这是因为,高温后的混凝土在静置期间内所进行的自我恢复程度不同。对于喷水冷却的混凝土来说,其自身恢复能力要强于自然冷却的混凝土,即 28 d 后喷水冷却后的 D_{c-2} 值要小于自然冷却的 D_{c-2} 值,由公式(3-4)可知,D_{c-1} 不变时,D_{c-2} 值越大,降低率 δ 值越大。试验中虽然两种冷却方式后的 D_{c-1} 不同,但和 D_{c-2} 相比其对降低率 δ 值的影响小于 D_{c-2}。试验结果表明,修复剂对自然冷却后混凝土的氯离子渗透性能具有更好的修复效果。

在高温后静置 90 d,首先,可以看出修复剂对两种冷却方式后的混凝土的抗氯离子渗透性能均起到了较好的修复效果,因为修复剂的促进恢复作用使高温后的混凝土进行了再水化,产生的水化产物填充了高温裂缝和孔洞,有效地提高了混凝土的抗氯离子渗透性能;其次,修复剂对两种冷却方式后的混凝土的修复程度不同,与 28 d 的修复效果相比,90 d 时两种冷却方式后的混凝土的修复效果出现了更大的差距,喷水冷却后的降低率要远小于自然冷却后的降低率。

在静置 90 d 后,喷水冷却后的混凝土进行了很大程度的自我恢复,即产生了更多的水化物来填充裂缝提高其自身抗渗性能,此时其对应的 D_{c-2} 相对较

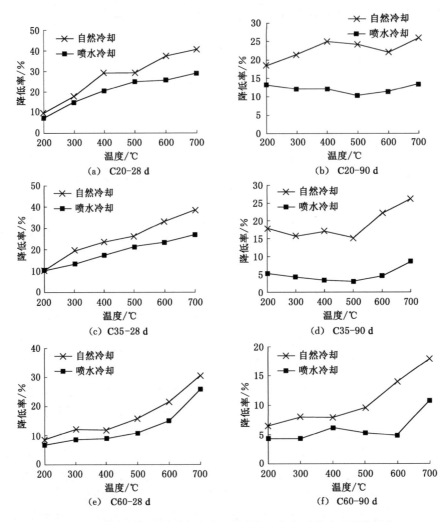

图 3-16　修复剂对不同冷却方式后的混凝土氯离子渗透系数降低率

小,而自然冷却后的混凝土虽然也进行了自我恢复,但其恢复的程度要小于喷水冷却后混凝土的恢复程度,其对应的 D_{c-2} 值相对较大。虽然两种冷却方式后的 D_{c-1} 值不同,但是和 D_{c-2} 相比,D_{c-2} 对降低率 δ 值的影响更为突出。通过公式(3-4)可知,在静置 90 d 后,修复剂对自然冷却的混凝土有更为明显的修复效果。

3.5.3.3　静置时间对氯离子渗透性能修复的影响

三种混凝土在不同静置时间、不同温度下的修复效果对比见图 3-17。

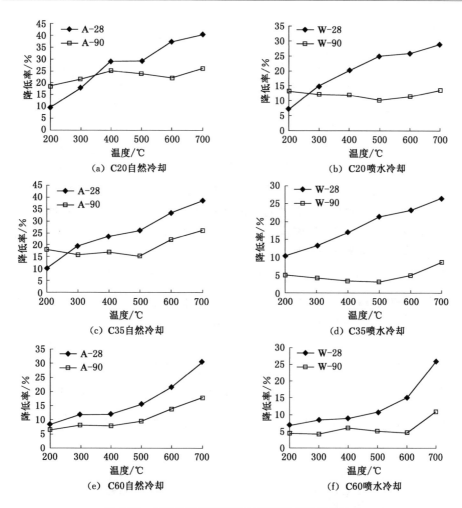

图 3-17　氯离子渗透系数降低率和静置时间的关系

　　从图 3-17 中可以看出,修复剂对混凝土的抗氯离子渗透能力的促进恢复作用并不随着静置时间的延长而增大,反而表现出在 28 d 时的修复效果要比 90 d 时修复效果更好的现象。这一规律和静置时间对混凝土抗压强度和弹性模量的修复影响规律相反。

　　混凝土内部的裂缝和孔隙的变化对氯离子渗透系数有很大的影响。对于使用修复剂的混凝土来说,90 d 时的氯离子渗透系数相比于 28 d 时的氯离子渗透系数降低幅度较小,主要是因为在使用了修复剂之后,氯离子渗透系数的降低是修复剂的促进恢复和混凝土自我恢复的综合作用,其中修复剂的促进恢复占主导作用。自我恢复所起到的作用相对较小,因为修复剂会在混凝土表面形成一种密封作用,混凝土内部缺少再水化所需要的水分,虽然静置期间内混凝土可以吸收空气中的水分,但所吸收的水分主要是用于刺激修复剂激活水泥使其再水化。未使用修复剂的混凝土从 28 d 到 90 d 的氯离子渗透系数降低幅度较大,主要原因是混凝土进行了较大程度的自我恢复,虽然 90 d 时的氯离子渗透系数和同期使用修复剂的相比还较大,但和 28 d 时未使用修复剂的混凝土相比,其值已降低很多,根据降低率 δ 的计算公式可知,90 d 时的 δ 值比 28 d 的 δ 值要小,喷水冷却更是如此。所以最终的试验结果表现出 28 d 时的修复效果比 90 d 时的好的规律。

这一规律与抗压强度和弹性模量所表现出的规律不同,主要是因为混凝土的这 3 种性能在高温后随着静置时间的变化其规律不同,其中抗压强度和弹性模量在静置 28 d 之后波动性较小,90 d 基本趋于稳定,而氯离子渗透系数却随着静置时间的延长而逐渐降低。

3.5.3.4 不同强度混凝土的氯离子渗透性能修复对比

修复剂对 3 种混凝土抗氯离子渗透性能的修复效果并不相同,修复剂对 3 种混凝土氯离子渗透系数的降低率曲线见图 3-18。

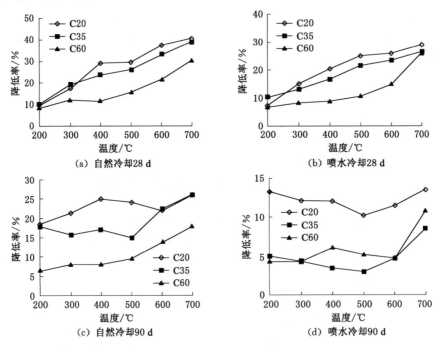

图 3-18　3 种混凝土修复效果对比

从图 3-18 中可以看出,总体上来看,修复剂对 3 种混凝土的抗氯离子渗透性能都起到了较好的促进修复效果。同时可以看出修复剂对 3 种强度混凝土的抗氯离子渗透性能的修复作用不同,高温后静置 28 d,修复剂对 C20 混凝土的修复效果最理想,其次为 C35 混凝土,相对最差的为 C60 混凝土;静置至 90 d 后,修复剂对 3 种强度混凝土的氯离子渗透系数降低率差别进一步扩大,尤其在喷水冷却条件下,修复剂对 C20 的修复作用明显高于另外两种强度混凝土。

修复剂对混凝土氯离子渗透系数的降低率大小,和混凝土的自我恢复能力有很大关系。根据降低率计算公式可知,自我恢复能力越好的混凝土其降低率越小,自我恢复能力越差的混凝土其降低率就越大。3 种强度混凝土中 C20 混凝土的自我恢复能力最差,同时受火后其受损程度也相对严重,自我恢复能力最好的是 C60 混凝土,C35 混凝土居中。静置不同时间后,3 种混凝土恢复程度不同,这样修复剂对 3 种混凝土的修复效果表现出对 C20 混凝土最好,C35 混凝土其次,最差的是 C60 混凝土。

3.6　修复剂促进提高高温后混凝土性能的机理研究

3.6.1　试验设计

3.6.1.1　试验目的

通过对高温并静置 28 d 后的混凝土(使用修复剂和未使用修复剂)进行扫描电镜(SEM)、X 射线荧光分析(XRF)和 X 射线衍射分析(XRD),通过微观和成分分析以及化学反应得出修复剂对高温后混凝土修复的机理。

3.6.1.2　试块分组与制作

本章试验样品取自本章中 C35 混凝土试块,需要进行 SEM、XRF 和 XRD 试验的试件各 4 组,分别为:常温混凝土、500 ℃高温后未静置混凝土、未使用修复剂高温后静置 28 d 混凝土、使用修复剂高温后静置 28 d 混凝土。试样的分组见表 3-12。

用于 XRF 和 XRD 分析的试样要求为粉末状。将所需要检测的立方体试件放在压力机上压溃,然后从压溃试件的表面取一定量碎片,先用锤子将碎片进行粉碎,将粉碎后的混凝土中的粗骨料剔除出去,剩下水泥浆体,再将水泥浆体放入研钵中进行研磨成粉末状,粉末应磨细至 200 目($74\ \mu m$)以下,研磨出的粉末达到要求后将样品装入自封袋中进行密封,等待送样。

表 3-12　试样分组

检测项目	试样信息	试样编号	检测项目	试样信息	试样编号	检测项目	试样信息	试样编号
扫描电镜（SEM）	常温	A-1	X射线荧光分析（XRF）	常温	B-1	X射线衍射分析（XRD）	常温	C-1
	500 ℃高温后未静置	A-2		500 ℃高温后未静置	B-2		500 ℃高温后未静置	C-2
	未使用修复剂高温后静置 28 d	A-3		未使用修复剂高温后静置 28 d	B-3		未使用修复剂高温后静置 28 d	C-3
	使用修复剂高温后静置 28 d	A-4		使用修复剂高温后静置 28 d	B-4		使用修复剂高温后静置 28 d	C-4

　　用于 SEM 分析的试样需要将混凝土制成薄片状。同样在上述已压溃的每个试件表面另选表面较规整的混凝土薄片,注意轻拿轻放,并立即放在专用衬纸上,用实验室专用气球进行干燥和除尘,气干后放在真空仪中抽真空,在达到准真空状态后进行真空喷镀金膜,以使混凝土试样表面能够导电。镀膜后,将试样放在扫描电镜的样品金属台中央,并用导电胶条将试样与金属台相连,然后再一次抽真空,并开始观察。

3.6.2　试验装置

　　测试装置同 2.6 节。

3.6.3　试验结果分析

3.6.3.1　扫描电镜(SEM)结果及分析

　　常温条件下混凝土的扫描电镜照片见图 3-19。

　　从 SEM 照片中可以看出,常温下的混凝土形貌完整,水化产物丰富。混凝土中所生成的产物主要是水化硅酸钙(C—S—H)、钙矾石(AFt)和氢氧化钙,从图 3-19(a)中可以看到大量的絮状物,该絮状物为 C—S—H,在图 3-19(b)中可以看到细长的棒状物,该棒状物为 AFt,虽然氢氧化钙沉积于 C—S—H 中,但是从图 3-19(b)中仍可以看到氢氧化钙的片状沉积。

　　500 ℃高温自然冷却后混凝土的扫描电镜照片见图 3-20。

　　从图 3-20(a)中可以看出,混凝土在受火 500 ℃、恒温 90 min 的条件下,结

(a) 常温下混凝土中C—S—H形貌　　　　(b) 常温下混凝土中CH、AFt形貌

图 3-19　高温前混凝土微观形貌

(a) 500 ℃高温后混凝土形貌　　　　　(b) 500 ℃高温后粗骨料界面

图 3-20　500 ℃高温后混凝土微观形貌

晶水丧失严重,水泥水化物也接近消失,一般情况下水泥水化物均在 500 ℃左右分解,也就是说结晶水在 500 ℃已经完全蒸发掉。混凝土质量在 450～500 ℃之间下降较快,这主要是由于 CH 的脱水造成的。在大气中 400 ℃左右时氢氧化钙就分解成石灰和水蒸气:

$$Ca(OH)_2 \longrightarrow CaO + H_2O \tag{3-5}$$

水化硅酸钙分解如下式:

$$xCaO \cdot SiO_2 \cdot yH_2O \rightarrow 3CaO \cdot SiO_2 + (x-3)CaO + yH_2O \tag{3-6}$$

从图 3-20(b)中也可以看到粗骨料和水泥浆体的黏结面已经出现了裂缝,黏结面较为清晰,这说明 500 ℃的高温后,混凝土中粗骨料和水泥浆体的黏结能力已经严重降低,这也是混凝土抗压强度降低的原因。

500 ℃高温后并静置 28 d 的混凝土的扫描电镜照片见图 3-21。

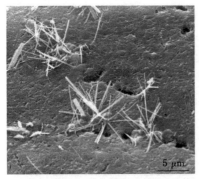 

(a) 500 ℃静置28 d放大10 000倍混凝土形貌　　(b) 500 ℃静置28 d放大5 000倍混凝土形貌

图 3-21　高温后静置 28 d 未使用修复剂混凝土微观形貌

高温后的混凝土在静置期可以进行自我恢复,但短期内其恢复的情况却不理想。从图 3-21(a)中可以看出,除了看到有裂缝和孔洞外,还有许多细小针状物,可见静置 28 d 后混凝土又进行了水化产生新的水化物,该水化物为针硅酸钙,其反应方程式为:

$$3CaO \cdot SiO_2 + 2.17H_2O \longrightarrow 2CaO \cdot SiO_2 \cdot 1.17H_2O + Ca(OH)_2 \quad (3-7)$$

另外,从图 3-21(b)中可以看出,虽然混凝土进行了新的水化过程,但是 28 d 时所形成的水化产物仍不成熟,不能填充高温产生的裂缝和一些孔洞,这样混凝土的一些性能也就得不到很好的自我恢复。

500 ℃高温后使用修复剂静置 28 d 混凝土的扫描电镜照片见图 3-22

 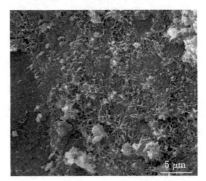

(a) 高温后静置28 d使用修复剂混凝土形貌　　(b) 500 ℃静置28 d放大10 000倍混凝土形貌

图 3-22　高温后静置 28 d 使用修复剂混凝土的微观形貌

高温后的混凝土在使用了修复剂之后,修复剂可以促进混凝土的恢复。从图 3-22(a)中可以看出,使用了修复剂的混凝土产生了大量的卷叶状的水化产物,该卷叶状产物为水化硅酸钙(C—S—H),这是形成混凝土强度的主要成分。

另外,在卷叶状的水化产物间还能看到一些氢氧化钙的片状沉积。这些新的产物就是修复剂促进混凝土水化产生新的水化而产生的。从图 3-22(b)中可以看出,放大 10 000 倍时在混凝土表面并没有观察到微裂缝,这是因为水化产物填补了高温裂缝,使混凝土更加密实,从而提高了混凝土的力学性能和耐久性能。

另外,从图 3-22(a)中也可以看到一些黑色的阴影,分析该类阴影为未完全填充密实的裂缝或空洞,说明在 28 d 时修复剂对混凝土的促进恢复还未达到十分理想的效果。虽然本书未对静置 90 d 的混凝土进行微观测试,但是根据本书第 4 章的试验结果可以预测到在 90 d 时,使用修复剂的混凝土中的微裂缝应该都已被新的水化产物填充密实。

以上微观测试结果和第 4 章的试验结果十分吻合。结合第 4 章的试验结果,利用 SEM 技术,可以分析出修复剂促进恢复的机理为高温后的混凝土在遇到修复剂之后,混凝土进行了再水化,产生新的水化产物,填充混凝土中的高温裂缝,提高混凝土的密实度和强度,进而达到修复混凝土的目的。

3.6.3.2　XRF 结果及分析

由本章试验结果可知,修复剂对高温后的混凝土可以起到一定的促进修复作用,然而在促进修复的过程中是否产生了新的物质仅仅利用 SEM 照片无法得知,为此,本书进行了 XRF 试验,利用 XRF 技术可知试样所含元素种类和含量,通过此技术来分析使用修复剂后混凝土元素成分变化,观察是否有新的元素出现,进而推断出修复剂修复混凝土是促进混凝土的自身修复还是通过修复剂和混凝土中的材料反应生成新的物质,从而推导出修复剂的修复机理。

四个试样 XRF 结果见表 3-13。

表 3-13　四种样品 XRF 检测结果

分子式	Z	B-1		B-2		B-3		B-4	
		含量/%	净强度	含量/%	净强度	含量/%	净强度	含量/%	净强度
Al_2O_3	13	8.01	75.52	9.673	91.24	8.36	78.55	9.54	89.9
Ba	56	0.081	0.742 8	0.071	0.654 3	0.069	0.628 9	0.073	0.690 6
CaO	20	20.71	485.2	18.56	413.2	21.18	490	19.56	459.5
Cl	17	0.093 9	2.45	0.113	2.759	0.159	4.255	0.199	5.207
CO_3	6	20.6	基体	14.1	基体	22	基体	21.2	基体
Cr	24	0.083 6	4.766	0.061 1	3.487	0.037 7	2.11	0.032 7	1.903
Cu	29	0.011 9	3.216	0.009 3	2.521	—	—	—	—
Fe_2O_3	26	2.089	176.3	2.314	195.5	2.008	166.7	2.121	183.1

表3-13(续)

分子式	Z	B-1		B-2		B-3		B-4	
		含量/%	净强度	含量/%	净强度	含量/%	净强度	含量/%	净强度
K_2O	19	2.39	64.05	2.6	65.64	3.526	96.14	2.49	66.71
MgO	12	1.17	13.45	1.21	14.03	1.27	14.53	1.34	15.46
Mn	25	0.084 6	7.373	0.070 2	6.112	0.058 7	5.02	0.059 4	5.278
Na_2O	11	1.02	4.807	1.35	6.461	1.33	6.249	1.22	5.756
P	15	0.022	0.498 5	0.023	0.480 7	0.022	0.497 7	0.019	0.421 3
S	16	0.399	16.82	0.4	15.78	0.38	16.49	0.437	18.47
SiO_2	14	43.07	425.6	49.14	473.1	39.32	387.5	41.42	403.2
Sr	38	0.025 2	26.11	0.026 6	27.51	0.029 3	29.94	0.029 8	31.52
TiO_2	22	0.161	2.895	0.226	4.066	0.223	3.943	0.239	4.4

　　首先应该明确的是,表3-13中所给出的含量百分比为含氧化学式的总百分比含量,净强度为含氧化学式中非氧元素的净强度。

　　从表3-13中的检测结果可知,四种样品中所含元素种类基本相同,没有增加或减少元素(因取样均匀性差异,B-3、B-4两个样品中未检测到Cu元素,但不影响整体结果的分析)。针对各元素含量的多少,本书对样品中的主要物质——Al_2O_3、CaO、Fe_2O_3、K_2O、Na_2O、SiO_2进行分析。这几种含氧化合物中非氧元素的相对含量可通过分子量的组成比例求出,结果见表3-14。

表3-14　主要元素含量表

元素	Z	B-1		B-2		B-3		B-4	
		含量/%	净强度	含量/%	净强度	含量/%	净强度	含量/%	净强度
Al	13	4.245 3	75.52	5.126 7	91.24	4.430 8	78.55	5.056	89.9
Ca	20	14.704	485.2	13.178	413.2	15.038	490	13.887 6	459.5
Fe	26	1.462 3	176.3	1.619 8	195.5	1.405 6	166.7	1.484 7	183.1
K	19	1.983 7	64.05	2.158	65.64	2.926 6	96.14	2.066 7	66.71
Na	11	0.756 8	4.807	1.001 7	6.461	0.986 9	6.249	0.905 24	5.756
Si	14	20.243	425.6	23.096	473.1	18.48	387.5	19.467 4	403.2

　　基于荧光元素分析的结果,净强度的增大、减小与相对含量的增大、减小是同步的,故对元素相对含量及净强度对比分析所得的最终结论是统一的,但相对含量能够更直接地反映混凝土的微观组分,并且测定比较精准,故这里将对元素

的相对含量做更深入的分析。

四个样品主要元素含量见图 3-23。

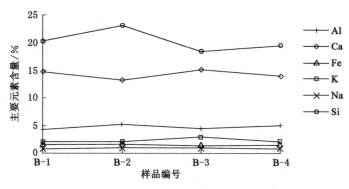

图 3-23　四种样品中主要元素含量对比

对各个元素的分析如下：

首先分析 Al、K、Na、Fe 四种元素。该四种元素的相对含量较小,且变化曲线比较平稳,有少许波动源于试样选取的不均匀性。

从 B-1 和 B-2 两个样品的元素含量来看,该四种元素的含量变化不大,说明高温后混凝土所含元素种类并未发生变化,而高温后混凝土性能的劣化主要原因是混凝土结构的破坏和成分的变化,如高温致使混凝土中的 $Ca(OH)_2$ 分解为 CaO 和 H_2O,元素的种类并不变化,只是存在形式发生了改变。同理,从 B-3、B-4 的结果中也可以看到,这四种元素的含量变化较小,使用修复剂的 B-4 号样品中的元素含量和未使用修复剂的 B-3 号样品中的元素含量相差不大,说明这四种元素是来自于混凝土本身。

Ca 元素:Ca 元素的含量相对稍高,四个样品中 Ca 元素含量的变化甚微,B-1、B-2、B-3、B-4 四种样品的 Ca 元素含量分别为 14.704%、13.178%、15.038%、13.888%,含量差值不足 2%,也就是说,常温下、高温后、使用修复剂和未使用修复剂的混凝土中所含 Ca 元素的含量基本没有发生变化,含量在 14%左右,即使用了修复剂并没有增加 Ca 元素的含量。

Si 元素:Si 元素的含量最高,除了混凝土中水化产物内含有少量 Si 元素外,混凝土中的砂的基本组成成分就是 Si 元素,所以其含量较高且四个样品中含量差别不大。由表 3-14 可知,B-1、B-2、B-3、B-4 四种样品的 Si 元素含量分别为 20.243%、23.096%、18.48%、19.467 4%,Si 元素的含量并没有较大的波动,含量差值不足 5%。即使用修复剂后并没有使 Si 元素的含量大幅增加,样品中的 Si 元素均来自混凝土本身。

综上所述,使用修复剂的混凝土各元素的含量和未使用修复剂的混凝土相比并没有增加,同时与常温时混凝土所含元素的种类和含量相比也没有增加或减少,由此可知,使用修复剂修复高温后的混凝土是通过修复剂促进混凝土自身修复的方式进行的。至于修复剂如何激活混凝土中的水泥来促进其水化反应完成自我修复,限于试验条件,本书不进行研究。

3.6.3.3　XRD 结果及分析

由 XRF 试验结果可知,混凝土在高温前后及是否使用修复剂其所含元素的种类没有变化,含量也基本恒定。为了更加清楚使用修复剂后混凝土所含物相的变化,本书进行了 XRD 试验,通过试验结果可知使用修复剂之后混凝土所含物相的变化。

在本章 XRD 衍射图中所有物相均用小写阿拉伯数字代替,各个数字所代表物分别为:1—钙矾石(AFt),2—氢氧化钙[$Ca(OH)_2$],3—二氧化硅(SiO_2),4—硅酸三钙($3Ca \cdot SiO_2$),5—碳酸钙($CaCO_3$),6—水化硅酸钙(C—S—H),7—水化铝酸钙($CaAl_2Si_2O_8 \cdot 4H_2O$)。

常温下混凝土的 XRD 分解结果见图 3-24。

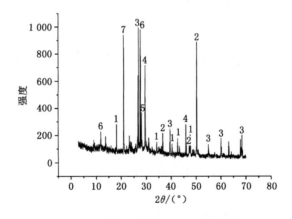

图 3-24　常温混凝土 XRD 衍射图

如图 3-24 所示,混凝土在常温状态下所包含的物相较丰富,从衍射图中可以看到 SiO_2,这是因为所选的水泥浆体的样品中包含了大量的砂子,而砂子的主要成分即是 SiO_2。在混凝土所测试出的主要物相中,钙矾石、氢氧化钙和水化硅酸钙是形成混凝土强度及其他性能的主要物质。从衍射强度可以看出常温下混凝土的氢氧化钙含量较高,而钙矾石的衍射峰值虽然较低,但在多个衍射角度下均出现衍射峰值,其含量也相对较高。另外,在衍射角度为 28°左右时,出现了碳酸钙的衍射峰值,这说明常温混凝土在自然环境中有碳化现象发生。

500 ℃高温自然冷却后混凝土的 XRD 结果见图 3-25。

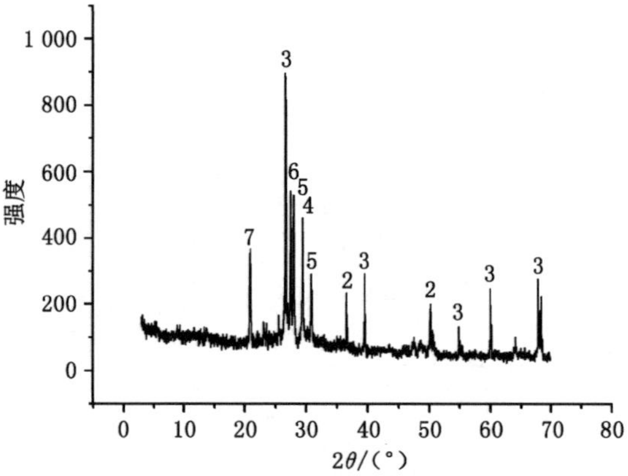

图 3-25　500 ℃高温后混凝土 XRD 衍射图

经过 500 ℃高温后,从混凝土的 XRD 衍射图中可以明显看出,所送样品中已检测不出钙矾石的衍射峰值,说明钙矾石已经完全分解。通常情况下,钙矾石在 80 ℃就开始分解,在 400 ℃左右就分解完毕。另外,氢氧化钙的 d 值也从常温状态下 900 左右减小到 300 左右,这说明氢氧化钙在 500 ℃高温下脱水分解。同时,水化硅酸钙及水化铝酸钙也都进行了一定的分解。虽然水化硅酸钙在100 ℃左右时就已经开始分解,但是因为温度较低,硅酸钙分解的量较少,在500 ℃后水化硅酸钙进一步分解。从试验结果可知,在 500 ℃时,水化硅酸钙分解,d 值由常温时的 1 000 左右减小到 900 左右。

综上所述,在高温之后,混凝土的水化产物钙矾石、氢氧化钙及水化硅酸钙等都有不同程度的脱水分解,而这些物质的存在是形成混凝土抗压强度等力学性能和耐久性能的主要因素。在 500 ℃后混凝土的这些性能都有不同程度的劣化,这就从物相的角度解释了高温后混凝土性能劣化的原因,同时也验证了第 2章的试验结果。

高温后静置 28 d,混凝土(未使用修复剂)的 XRD 结果分析见图 3-26。

经过 500 ℃高温后静置 28 d,从混凝土的衍射图中可以看出 1、2、4、6、7 这5 种物相在各自的衍射角度上的峰值比高温后有所增长,这就说明静置期间混凝土再次水化,生成了新的水化产物。在图 3-25 中,1 所代表的物质钙矾石已经完全分解完毕,然而在静置 28 d 后混凝土又重新生成了钙矾石;2 所代表的氢氧化钙,在静置 28 d 后混凝土的水化产物中也出现了,在图 3-26 中氢氧化钙的衍射峰值共 700 左右,约比高温后高了 200;同时,7 所代表的水化铝酸钙及 6 所代表的水化硅酸钙均比高温后有所增长。同时也可以看出相比于高温后,在静

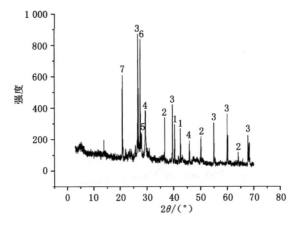

图 3-26　未使用修复剂混凝土 XRD 衍射图（高温后静置 28 d）

置 28 d 时混凝土水化所生成的水化产物并不丰富、成熟,所衍射出的峰值和高温后的相差并不太大。

　　这就解释了高温后混凝土静置 28 d 后其各项性能恢复并不明显的原因,验证了本书第 2 章的试验结果。

　　高温后静置 28 d,混凝土(使用修复剂)的 XRD 结果分析见图 3-27。

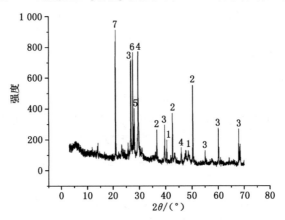

图 3-27　使用修复剂混凝土 XRD 衍射图（高温后静置 28 d）

　　从图 3-27 中可以看出,使用了修复剂的混凝土产生了大量的氢氧化钙(图中 2 号物质)、水化硅酸钙(图中 6 号物质)、硅酸三钙(图中 4 号物质)等水化产物,尤其是氢氧化钙的含量远超过未使用修复剂的混凝土。

　　图 3-27 显示,2 号所代表的氢氧化钙的衍射峰值约为 1 400,比图 3-26 中未

使用修复剂混凝土氢氧化钙的衍射峰值(约为 700)高出一倍左右;碳酸三钙在图 3-27 中的衍射峰值(约为 820)比在图 3-26 中的衍射峰值(约为 400)高出一倍多;图 3-27 中水化铝酸钙的衍射峰值约为 900,比图 3-26 中的衍射峰值(约为 400)高出 500 左右。

在修复剂的促进恢复作用下,混凝土进行了新的水化,产生了新的水化产物,从衍射峰值上来看,使用修复剂的混凝土所产生的水化产物量远大于未使用修复剂的混凝土。从图 3-27 中还可以看出,氢氧化钙、水化硅酸钙及水化铝酸钙的衍射峰值较大,这说明在修复剂的促进恢复作用下,混凝土的水化作用主要产生了氢氧化钙、水化铝酸钙及水化硅酸钙等水化产物,而这些水化产物也正是保证混凝土性能的主要物质。

由此可见,使用了修复剂的混凝土,在修复剂的促进作用下进行了较好的恢复,修复剂对混凝土起到了较好的修复作用,其修复机理是促进了混凝土产生更多的水化产物,如氢氧化钙、水化硅酸钙和水化铝酸钙等。

3.7 本章小结

(1) 受到高温损伤的混凝土,在使用修复剂后其抗压强度、弹性模量、抗碳化性能和抗氯离子渗透性能均得到较好的恢复,但促进恢复的程度和高温温度、冷却方式、静置时间、混凝土强度等因素有关。

(2) 修复剂对抗压强度和弹性模量的提高率虽然在不同温度下具有一定的波动性,但从整体趋势上来看,提高率随着受火温度的升高而增加,三种混凝土均表现出这一规律。一般来说受火温度低于 400 ℃时修复剂的修复效果比高于 500 ℃的差,如在 200 ℃自然冷却条件下 C35 混凝土的抗压强度提高率为 4.86%,而在 700 ℃时提高率达到 17.22%。

(3) 修复剂对混凝土抗碳化性能表现出了较好的修复作用,如 C20 混凝土经过 200 ℃后自然冷却,加速碳化 7 d,修复剂可以使混凝土碳化深度减小 2.69 mm。修复剂对高温后混凝土抗氯离子渗透性能的提高作用表现显著,且表现出随着受火温度越高,修复效果越好的趋势,三种强度混凝土表现规律一致。

(4) 冷却方式对修复剂的修复效果有一定的影响,从修复剂对高温后混凝土四种性能的促进修复效果来看,修复剂对自然冷却后的混凝土有更好的修复效果,主要原因为喷水冷却后的混凝土自我修复能力比自然冷却的混凝土强,使用修复剂的混凝土所对比的基数大,表现出来的修复效果比自然冷却的差。

(5) 修复剂对混凝土抗压强度、弹性模量的修复效果随着静置时间的延长而提高,但修复剂对混凝土抗碳化性能和抗氯离子渗透性能的修复并未表现出此规律。因为混凝土的力学性能在高温后 28 d 基本趋于稳定,静置至 90 d 后变化不大,而耐久性能在静置 90 d 时比 28 d 时有较为明显的提高,所以试验结果中表现出静置 28 d 时的修复效果比 90 d 时的好。

(6) 就抗压强度和弹性模量两种性能来说,修复剂对混凝土弹性模量的修复效果较好,主要是因为混凝土中的微裂缝对其弹性模量有较大的影响,使用了修复剂的混凝土可以使混凝土的微裂缝得到修复填充,进而提高混凝土的弹性模量。而混凝土中的这些微裂缝对于抗压强度来说影响相对较小,即便是填充了这些微裂缝,抗压强度的提高幅度也并不大。

(7) 修复剂对三种不同强度混凝土高温后性能的促进修复,总体上表现出混凝土强度越低、修复效果越好的规律。

(8) 高温后混凝土性能的劣化主要是因为高温致使混凝土中的水化产物分解,以及水泥浆体和粗骨料的膨胀不一致性导致产生裂缝,降低了混凝土的各方面性能。

(9) 高温后的混凝土在静置过程中其性能发生变化的原因是其自身进行了新的水化,从 SEM 的结果中可以看出,高温后自然冷却的混凝土静置 28 d 时新生成的水化产物量很少而且不成熟,即自然冷却后的混凝土自我恢复能力较差。

(10) 使用修复剂可以激活高温后混凝土中的水泥,进而产生新的水化产物,填补高温裂缝使混凝土更加密实,进而提高混凝土的各方面性能。

(11) 从 XRF 结果中可知,混凝土中的元素的含量在高温前后,及静置后变化是不大的,含量在合理的范围内波动,由此可见高温后混凝土的元素成分并没有改变,只是所含元素的物质发生了改变。同样的,使用了修复剂的混凝土其所含元素和常温下混凝土所含元素是相同的,含量略有差别。这说明使用修复剂并没有增加其他额外元素,即认为修复剂对高温后混凝土的修复作用是通过促进混凝土的自我修复方式来实现的。

(12) 从 XRD 的结果中可知,500 ℃ 的高温后混凝土的水化产物大部分都已分解,所含物质的衍射峰值降低很多,甚至有些物质在 500 ℃ 的高温后消失(如钙矾石),这些产物的分解消失正是混凝土性能劣化的原因。

(13) 高温后使用修复剂的混凝土的 XRD 衍射图中可以看到混凝土产生了大量的水化产物,说明修复剂促进了混凝土的修复,而修复剂的促进修复机理为促进混凝土进行再次水化产生新的水化产物,进而提高混凝土的性能。

4　早龄期混凝土高温后性能恢复研究

4.1　引言

随着火灾的频繁发生,混凝土结构未达 28 d 龄期时遭受火灾的概率也大为增加,采用人工方法促使早龄期混凝土受火后的性能恢复技术的需求日益迫切。

对 C25 早龄期混凝土进行高温试验,分析了早龄期混凝土高温后抗压强度、抗碳化性能以及抗渗透性能的发展规律,提出了早龄期混凝土受火后性能的人工恢复技术,研究了高温温度、高温龄期、静置时间点、冷却方式等因素对早龄期混凝土受火后性能的影响及修复剂恢复改善其性能的作用及恢复机理。

4.2　早龄期混凝土高温后抗压强度的恢复研究

4.2.1　试验设计

4.2.1.1　试验方案与试块分组

（1）试验目的

通过早龄期混凝土高温试验,得出高温龄期、高温温度、冷却方式以及受火后静置时间对早龄期混凝土高温后抗压强度的影响,通过在高温后混凝土表面涂抹修复剂的试验得出修复剂对高温后混凝土抗压强度的恢复作用及其影响规律。

（2）试块的制作与分组

试验中混凝土强度等级为 C25,本试验考虑 4 个龄期（3 d、7 d、14 d 和 28 d）、5 个高温温度（200 ℃、300 ℃、400 ℃、500 ℃和 600 ℃）、2 种冷却方式（喷水冷却和自然冷却）、4 个静置时间（28 d、35 d、42 d 和 56 d）和 2 个修复剂用量（0 kg/m² 和 0.3 kg/m²）（在已有的试验基础上,对于高温后混凝土性能的恢复效果最好的是 L 型修复剂,故本章修复剂采用 L 型修复剂）。试块分组见表 4-1。

表 4-1　试件分组

温度/℃	龄期/d	冷却方式	测试龄期/d	修复剂用量/(kg/m²)
常温	3、7、14 和 28	—	3、7、14 和 28	—
200、300、400、500、600	3、7、14	自然冷却	28	0/0.3
			35	
			42	
			56	
		喷水冷却	28	0/0.3
			35	
			42	
			56	
	28	自然冷却	35	0/0.3
			42	
			56	
		喷水冷却	35	0/0.3
			42	
			56	

4.2.1.2　试验装置

加热装置、加热制度和加载装置同 3.2.2 节。

4.2.2　试验过程

按照表 4-1 制作 100 mm×100 mm×100 mm 标准立方体混凝土试块,养护至相应龄期后取出进行高温试验。

在高温炉中将混凝土试块由室温分别加热到 200 ℃、300 ℃、400 ℃、500 ℃、600 ℃,考虑到火灾后降温过程不同,采用两种冷却方式:自然冷却和喷水冷却。自然冷却指试件达到加热时间后取出,在室内环境中静置至室温;喷水冷却指试件达到加热时间后将试件从炉内取出,立即用水喷淋 15 min。冷却后,观察试块的宏观破坏现象,包括颜色、裂缝、缺角和疏松等,并按照试验设定进行抗压强度试验。

4.2.3　试验现象

4.2.3.1　高温现象

从室温不断加热到 150 ℃时,可以看到炉口周围有少量热气冒出;温度继续升高到 210 ℃时,炉口水蒸气源源不断地冒出;300 ℃时,炉周开始有气体冒出,炉口气体持续增多,直至 360 ℃;温度继续升至 450 ℃时,水蒸气开始减少;直至 600 ℃时,可以观察到炉口及炉体周围基本无气体冒出。

4.2.3.2　试块表观现象

图 4-1 给出了不同高温作用后早龄期混凝土试块的表观现象。

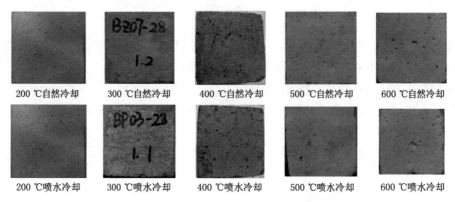

图 4-1　高温后试块表观现象

从图 4-1 可以看出,不同的高温作用后,试块颜色、表面形态发生不同变化。200 ℃时,试块颜色同常温状态;300 ℃时试块颜色暗灰,自然冷却后试块表面同常温下试块无太大差别,喷水冷却试块表面有少量细微裂缝;400 ℃时,自然冷却和喷水冷却试块表面均有裂缝,试块完好;500～600 ℃时,颜色由暗灰到稍变红,有掉皮、缺角现象,表面有大量裂缝,且裂缝贯通,细而多,经裂缝观测仪观测自然冷却试块表面最大裂缝为 0.21 mm,喷水冷却试块则为 0.26 mm。

4.2.3.3　高温质量损失现象

图 4-2 给出了混凝土高温后质量损失随温度的变化趋势。

由图 4-3 可以看出,随温度升高混凝土质量损失可大致分为 3 个阶段[105]:200～300 ℃之间的快速损失阶段;300～500 ℃之间的质量损失平稳阶段;500～600 ℃之间的损失加速阶段。主要原因为:200 ℃时混凝土内自由水蒸发,质量损失约为 60 g,占总质量的 3%;300 ℃时,混凝土内部普通硅酸盐水泥浆体中的水化硅酸钙和水化铝酸钙开始脱水,大量水蒸气外逸,质量损失突增达

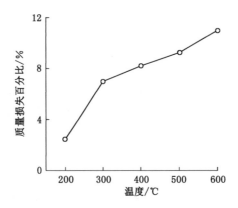

图 4-2　混凝土高温后质量损失情况

160 g,占总质量的 7%;300～400 ℃时,C—S—H 凝胶体脱水分解蒸发,由于凝胶水从较小尺寸的凝胶孔中蒸发较困难,故此时蒸发较慢,损失速率减小,质量损失约为 190 g,占总质量的 8%;500～600 ℃之间,间隙水开始蒸发,且表面出现裂缝,在高温的作用下水分通过裂缝逐步散发出来,此时混凝土质量损失约为 250 g,占总质量的 11%。

4.2.4　试验结果与分析

4.2.4.1　高温后混凝土抗压强度

（1）早龄期混凝土

① 温度对早龄期试块抗压强度的影响

图 4-3 给出了高温温度对早龄期混凝土高温后抗压强度的影响。图中残余抗压比是指高温后混凝土抗压强度与高温前抗压强度的比值。

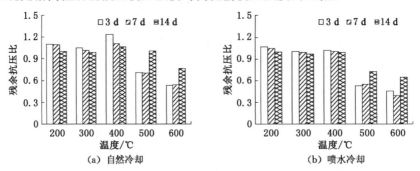

图 4-3　高温时试块龄期对早龄期混凝土高温后抗压强度的影响

从图 4-3 中可以看出,温度对早龄期混凝土高温后抗压强度的影响规律为:
对 3 d 龄期混凝土抗压强度的影响最大,对 7 d 龄期混凝土的影响其次,对 14 d
龄期混凝土抗压强度的影响最小。

原因分析:400 ℃之前,温度对早龄期混凝土抗压强度的影响主要取决于对
混凝土内部未水化水泥颗粒的水化作用的影响,与 7 d 和 14 d 龄期混凝土相比,
3 d 龄期混凝土内部未水化水泥颗粒最多,故对其影响最大。当温度超过
500 ℃后,与 14 d 龄期混凝土相比,3 d 和 7 d 龄期混凝土内部孔隙较多,遭受相
同温度时,试块内部受高温作用影响较大,结构更疏松,故 500～600 ℃对 14 d
龄期混凝土的破坏作用最小,对 3 d 龄期混凝土的破坏作用最大,抗压强度降低
得也最多。

② 冷却方式的影响

图 4-4 给出了早龄期混凝土高温后抗压强度比与冷却方式的关系。

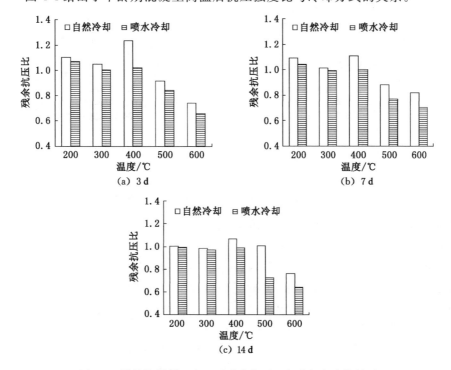

图 4-4　早龄期混凝土高温后残余抗压比与冷却方式的关系

从图 4-4 中可看出,早龄期混凝土高温后自然冷却试块抗压强度均高于喷
水冷却试块,且随温度升高,二者之间的差别愈加明显。当温度为 200 ℃时,3 d
龄期混凝土高温后自然冷却试块抗压强度高出喷水冷却试块 3%,7 d 龄期试块

高温后自然冷却试块抗压强度高出喷水冷却试块 5％,14 d 龄期混凝土自然冷却试块抗压强度比喷水冷却试块高 1％;温度为 400 ℃时,3 d、7 d 和 14 d 龄期混凝土高温后自然冷却试块抗压强度分别高出喷水冷却试块 21％、10％和 7％。

原因分析:冷却过程中试块和外界环境存在一定的温度差,温度差引起混凝土表面裂缝的发展和一部分骨料与水泥浆体的分离。喷水冷却时,试块内外温差更大,热胀冷缩作用引起更大裂缝,抗压强度降低。此外,温度越高,结构破坏越严重,混凝土越疏松,裂缝越多,宽度越大。故温度越高,喷水冷却和自然冷却的抗压强度之差越大。

(2) 28 d 混凝土

图 4-5 给出了温度对 28 d 混凝土高温后抗压强度的影响。

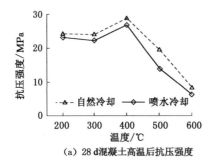

(a) 28 d 混凝土高温后抗压强度

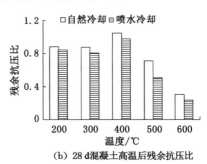

(b) 28 d 混凝土高温后残余抗压比

图 4-5　高温温度对 28 d 混凝土高温后抗压强度的影响

① 高温温度的影响

由图 4-5(a)可以看出,28 d 龄期混凝土高温后抗压强度随温度的升高呈现降低—增长—迅速下降的趋势。高温温度为 200 ℃和 300 ℃时,抗压强度降低;温度为 400 ℃时,抗压强度有所提高;温度高于 500 ℃之后,抗压强度迅速下降。

由图 4-5(a)可知,高温温度为 200 ℃和 300 ℃时,自然冷却试块残余抗压比分别为 0.88 和 0.87;高温温度为 400 ℃时,自然冷却试块残余抗压比为 1.04,抗压强度超过常温下强度;高温温度为 500 ℃时,自然冷却试块残余抗压比为 0.71,抗压强度损失变大。

原因分析:28 d 龄期混凝土内部水泥水化基本完成,经过 200～300 ℃高温后,混凝土内部的水化硅酸钙和水化铝酸钙开始脱水,水蒸气外逸产生的相应的压力、尚存在的部分水分以及高温的作用,形成混凝土内部的三轴应力,使得混凝土抗压强度降低;经过 400 ℃高温后,混凝土内部游离水的逸出使水泥颗粒更紧密,产生类似蒸汽养护的作用,促进了水泥颗粒的进一步水化,而且凝胶体低温脱水使组织结构逐渐变得致密,加强了胶体同骨料间的咬合力,强度有所回升,部分抵消了骨料受热破坏及水泥石与骨料间联系的破坏所造成的强度损失,有时甚至超过混凝土在室温时的原始强度。从图 4-5 中可以看出,400 ℃时自然冷却试块残余抗压比为 1.04,抗压强度超过常温下强度。经过 500～600 ℃高温后,混凝土内部水分完全失去,内部起骨架作用的 $Ca(OH)_2$ 也受热分解,加热脱水后变成大量游离的 CaO,混凝土结构破坏;另外,加热过程中水泥石有较大收缩,而骨料却膨胀,这种差异扩大了骨料与水泥浆体之间的裂缝,导致混凝土抗压强度迅速下降。

② 冷却方式的影响

图 4-5(b)显示 28 d 龄期混凝土高温后自然冷却试块抗压强度均高于喷水冷却试块,高温温度超过 500 ℃后,二者之间的差别尤为明显。如高温温度为 200 ℃时,自然冷却试块抗压强度比喷水冷却试块高 4%;高温温度为 400 ℃时,自然冷却试块抗压强度比喷水冷却试块高 7%;高温温度为 500 ℃时,自然冷却试块抗压强度比喷水冷却试块高 21%。

原因分析:冷却过程中试块和外界环境存在温度差,温度差引起表面裂缝的发展和一部分骨料与水泥浆体的分离。不同温度差产生不同的温度应力,喷水冷却时,试块内外温差更大,热胀冷缩作用引起更大裂缝,此外,喷水冷却中的水分渗入混凝土内部,与混凝土内高温后的分解成分发生反应,引起混凝土体积膨胀,裂缝加剧发展,从而抗压强度降低。温度越高,结构破坏越严重,表面和内部裂缝数量越多,宽度越大,喷水冷却时,内外温差更大,渗入的水分越多,体积膨胀越大,故温度越高,喷水冷却和自然冷却的抗压强度之差越大。

4.2.4.2　涂抹修复剂后混凝土抗压强度

(1) 早龄期混凝土

表 4-2 列出了混凝土高温后不同静置时间点有无修复剂试块的抗压强度。

表 4-2　混凝土高温后抗压强度　　　　　　　　单位:MPa

试块编号	高温温度/℃									
	200		300		400		500		600	
	喷水冷却	自然冷却	喷水冷却	自然冷却	喷水冷却	自然冷却	喷水冷却	自然冷却	喷水冷却	自然冷却
G03-28	25.6	24.0	20.2	19.6	20.5	21.3	11.7	11.4	11.4	8.8
G03-28-0.3	25.8	25.9	20.7	19.8	20.9	22.1	13.2	12.4	13.4	9.6
G03-35	22.3	23.9	17.4	19.4	19.2	21.0	13.2	10.3	8.9	7.9
G03-35-0.3	23.4	24.3	20.1	19.7	21.6	23.6	12.1	10.8	11.1	8.3

表 4-2（续）

试块编号	高温温度/℃									
	200		300		400		500		600	
	喷水冷却	自然冷却	喷水冷却	自然冷却	喷水冷却	自然冷却	喷水冷却	自然冷却	喷水冷却	自然冷却
G03-42	25.0	25.0	20.5	20.4	22.7	22.5	12.3	11.3	10.7	8.6
G03-42-0.3	26.2	25.9	21.3	20.4	23.1	23.9	12.3	11.8	15.5	9.3
G03-56	25.4	25.5	20.8	20.3	20.3	21.1	13.2	11.0	10.9	8.9
G03-56-0.3	25.9	26.3	22.0	20.6	20.8	21.3	14.1	13.4	14.3	9.5
G07-28	22.9	23.9	22.8	23.2	24.2	23.0	12.8	14.7	10.2	8.5
G07-28-0.3	23.9	25.7	23.2	23.4	24.1	28.2	15.4	25.5	10.5	10.8
G07-35	21.1	22.3	19.9	20.8	22.2	20.9	14.3	11.8	9.2	7.7
G07-35-0.3	24.9	24.8	20.6	21.3	22.2	24.5	15.8	12.7	10.0	8.7
G07-42	23.1	25.3	22.4	21.3	24.9	25.1	16.1	12.8	11.6	8.9
G07-42-0.3	25.7	25.9	22.9	23.1	25.1	25.7	16.5	16.1	12.0	10.7
G07-56	26.5	26.6	21.9	21.9	23.4	23.5	14.7	14.2	11.3	9.3
G07-56-0.3	26.4	27.0	22.5	22.7	21.9	23.6	16.1	14.8	11.6	10.1
G14-28	23.9	24.3	25.8	24.9	27.6	26.8	23.3	20.9	14.7	10.2
G14-28-0.3	25.5	25.5	26.5	27.4	28.0	27.8	23.2	23.8	16.3	13.0
G14-35	24.9	22.2	23.5	23.0	26.2	26.7	23.1	20.2	14.0	11.1
G14-35-0.3	26.1	24.4	23.3	24.3	26.5	26.9	25.4	24.0	14.3	12.5
G14-42	26.3	25.9	24.3	25.7	28.2	28.1	24.8	20.3	13.6	8.9
G14-42-0.3	26.7	26.7	24.9	26.7	29.5	28.7	26.6	21.9	19.8	10.7
G14-56	26.2	26.1	24.4	24.4	27.4	27.1	26.3	21.8	18.1	12.5
G14-56-0.3	25.8	24.8	25.2	24.4	27.8	27.7	27.7	24.6	18.9	12.2
G28-35	21.4	26.3	20.8	22.0	24.1	25.6	13.4	13.7	6.1	5.6
G28-35-0.3	23.1	25.4	22.2	22.6	26.0	26.2	15.1	15.5	7.6	5.7
G28-42	28.0	28.1	23.3	23.0	24.1	27.1	14.1	11.9	7.9	5.8
G28-42-0.3	28.4	29.2	26.2	25.0	26.7	25.6	16.7	14.5	8.1	6.3
G28-56	28.1	27.6	21.6	22.0	23.3	22.6	13.5	11.3	7.5	7.2
G28-56-0.3	28.2	28.5	22.4	22.8	23.9	23.8	16.3	14.8	8.3	7.7

图 4-6 给出了修复剂对早龄期混凝土高温后抗压强度的影响。

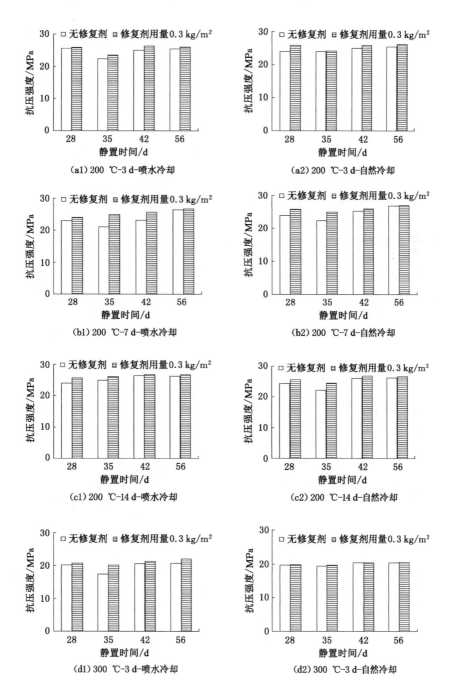

图 4-6　修复剂对早龄期混凝土高温后抗压强度的影响

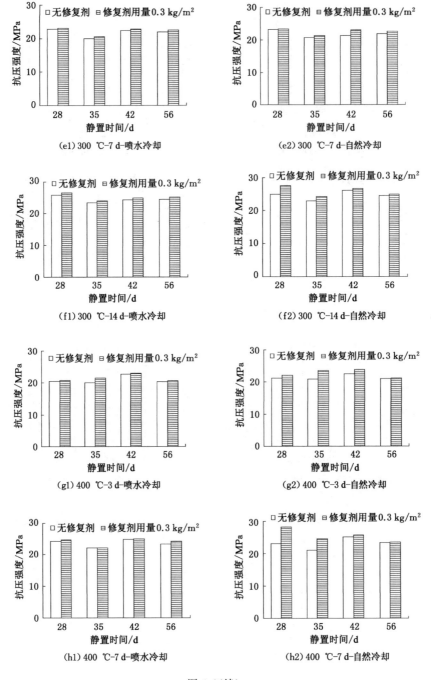

(e1) 300 ℃-7 d-喷水冷却

(e2) 300 ℃-7 d-自然冷却

(f1) 300 ℃-14 d-喷水冷却

(f2) 300 ℃-14 d-自然冷却

(g1) 400 ℃-3 d-喷水冷却

(g2) 400 ℃-3 d-自然冷却

(h1) 400 ℃-7 d-喷水冷却

(h2) 400 ℃-7 d-自然冷却

图 4-6(续)

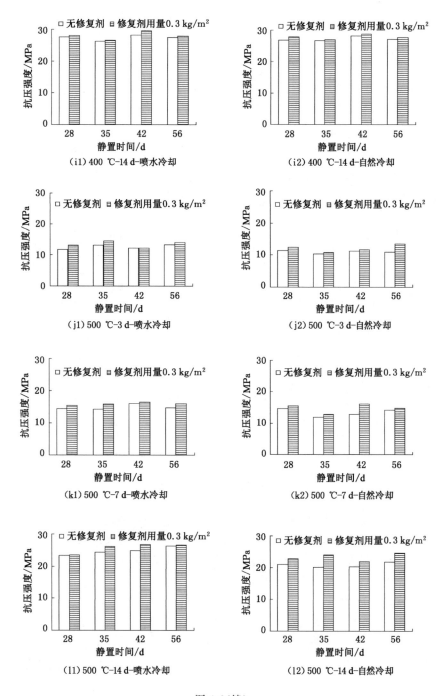

(i1) 400 ℃-14 d-喷水冷却

(i2) 400 ℃-14 d-自然冷却

(j1) 500 ℃-3 d-喷水冷却

(j2) 500 ℃-3 d-自然冷却

(k1) 500 ℃-7 d-喷水冷却

(k2) 500 ℃-7 d-自然冷却

(l1) 500 ℃-14 d-喷水冷却

(l2) 500 ℃-14 d-自然冷却

图 4-6(续)

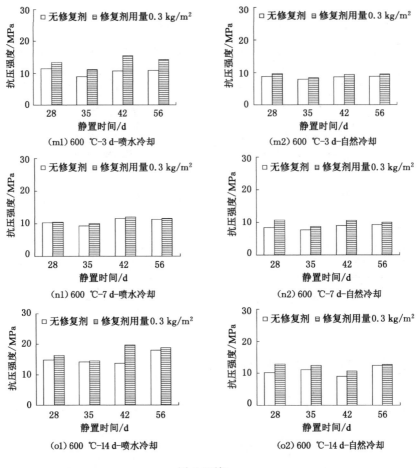

图 4-6(续)

从图 4-6 可以看出,静置一段时间后,早龄期混凝土高温后涂抹修复剂试块的抗压强度普遍高出未涂抹修复剂试块,即修复剂可以恢复改善早龄期混凝土高温后的抗压强度,且修复剂对早龄期混凝土高温后抗压强度的恢复作用随高温温度、静置时间点等因素的变化而变化。

① 温度的影响

从表 4-2 和图 4-6 可以看出,修复剂对早龄期混凝土高温后抗压强度的恢复改善作用随温度的升高而增强。3 d 龄期混凝土经过 200 ℃、300 ℃、400 ℃、500 ℃和 600 ℃高温,喷水冷却后静置至 28 d 时,未涂抹修复剂试块的抗压强度为 25.6 MPa、20.2 MPa、20.5 MPa、11.7 MPa、11.4 MPa,涂抹修复剂试块的抗压强度分别为 25.8 MPa、20.71 MPa、20.9 MPa、13.2 MPa、13.4 MPa,分别比未涂抹修复剂试块的抗压强度高出 0.78％、2.48％、1.95％、12.82％和 17.54％。超过 500 ℃后,修复剂的恢复改善作用明显提高,主要是因为此时混凝土表面出现明显裂缝,裂缝较宽,裂缝贯通利于修复剂的渗透和吸收,随渗透深度的增加,修复剂得以填补混凝土内部孔隙,密实度增加,从而促进抗压强度的恢复。

　　② 静置时间点的影响

　　从表 4-2 和图 4-6 可以看出,修复剂对早龄期混凝土高温后抗压强度的恢复效果在 35 d 时最好,此后逐渐减缓。如 3 d 龄期混凝土高温 300 ℃喷水冷却后静置至 28 d、35 d、42 d 和 56 d 时,未涂抹修复剂试块的抗压强度为 20.2 MPa、17.4 MPa、20.5 MPa 和 20.8 MPa,涂抹修复剂试块的抗压强度为 20.7 MPa、20.1 MPa、21.3 MPa 和 22.0 MPa,分别比未涂抹修复剂试块高出 2.48％、15.52％、3.90％和 5.77％;14 d 龄期混凝土高温 500 ℃自然冷却后静置至 28 d、35 d、42 d 和 56 d 时,未涂抹修复剂试块的抗压强度为 20.9 MPa、20.2 MPa、20.3 MPa 和 21.8 MPa,涂抹修复剂试块的抗压强度为 23.8 MPa、24.0 MPa、21.9 MPa 和 24.6 MPa,分别比无修复剂试块高 13.88％、18.81％、7.88％和 12.84％。

　　原因分析:早龄期混凝土高温后在静置至 35 d 时,渗透进混凝土内部的修复剂发挥作用,与混凝土内部物质发生反应,生成物填充裂缝及空隙,提高结构密实度,此时无修复剂试块抗压强度出现最低值,故在进行比较时,此时的提高百分比最大;静置至 35 d 后,混凝土在修复剂的作用下结构密实,而且修复剂的量也在与混凝土内部物质反应下逐渐减少,此外高温后混凝土抗压强度也会随静置时间的增长而有所恢复,故此后修复剂对混凝土的恢复作用逐渐减弱。

　　(2) 28 d 混凝土

　　图 4-7 给出了修复剂对 28 d 混凝土高温后抗压强度的影响。

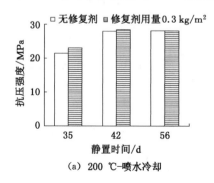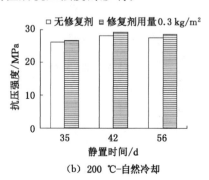

图 4-7　修复剂对 28 d 混凝土高温后抗压强度的影响

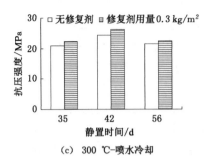

(c) 300 ℃-喷水冷却

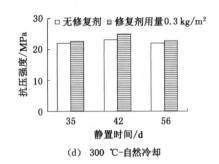

(d) 300 ℃-自然冷却

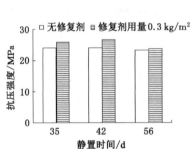

(e) 400 ℃-喷水冷却

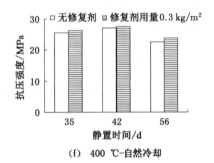

(f) 400 ℃-自然冷却

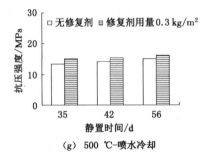

(g) 500 ℃-喷水冷却

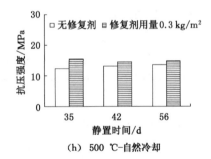

(h) 500 ℃-自然冷却

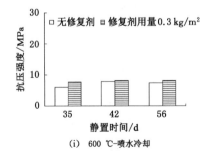

(i) 600 ℃-喷水冷却

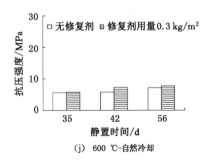

(j) 600 ℃-自然冷却

图 4-7(续)

从图 4-7 可以明显看出,涂抹修复剂可以恢复 28 d 混凝土高温后的抗压强度,且修复剂的恢复作用随温度和静置时间的变化而变化。

① 温度的影响

从图 4-7 和表 4-2 可以看出,28 d 混凝土高温 200 ℃后喷水冷却和自然冷却试块静置至 42 d 时,未涂抹修复剂试块的抗压强度为 28.0 MPa 和 28.1 MPa,涂抹修复剂试块的抗压强度为 28.4 MPa 和 29.2 MPa,涂抹修复剂试块的比未涂抹修复剂试块抗压强度分别提高 1.43% 和 3.91%;温度为 500 ℃喷水冷却和自然冷却试块静置至 42 d 时,未涂抹修复剂试块的抗压强度为 14.1 MPa 和 11.9 MPa 涂抹修复剂试块的抗压强度为 16.7 MPa 和 14.5 MPa,涂抹修复剂试块的抗压强度分别比未涂抹修复剂试块的高出 18.44% 和 21.85%,故随温度的升高,修复剂对 28 d 混凝土高温后抗压强度的恢复作用越好。

② 静置时间点的影响

从图 4-7 和表 4-2 可以看出,修复剂对 28 d 混凝土高温后抗压强度的恢复效果在静置至 42 d 时最好,此后随静置时间点的延长而减缓。如 28 d 混凝土经过 400 ℃高温喷水冷却后静置至 35 d、42 d 和 56 d 时,涂抹修复剂试块的抗压强度为 26.0 MPa、26.7 MPa 和 23.9 MPa,未涂抹修复剂试块的抗压强度为 24.1 MPa、24.1 MPa 和 23.3 MPa,涂抹修复剂试块的抗压强度分别比未涂抹修复剂试块的高出 7.88%、10.79% 和 2.58%;28 d 混凝土经过 600 ℃高温自然冷却后静置至 35 d、42 d 和 56 d 时,涂抹修复剂试块的抗压强度为 5.7 MPa、6.3 MPa 和 7.7 MPa,未涂抹修复剂试块的抗压强度为 5.6 MPa、5.8 MPa 和 7.2 MPa,涂抹修复剂试块的抗压强度分别比未涂抹修复剂试块的高出 1.79%、8.62% 和 6.94%。

4.2.4.3 恢复作用随冷却方式的变化规律

(1) 早龄期混凝土

从图 4-6 和表 4-2 可以看出,高温温度为 200 ℃和 300 ℃时,修复剂对喷水冷却试块抗压强度的恢复作用好于自然冷却试块,高温温度超过 400 ℃之后,修复剂对自然冷却试块抗压强度的恢复作用好于喷水冷却试块。3 d 龄期混凝土经过 300 ℃高温静置至 28 d、35 d、42 d 和 56 d 时,与未涂抹修复剂试块相比,喷水冷却试块抗压强度提高了 2.17%、15.64%、3.74% 和 5.82%,自然冷却试块的抗压强度提高了 1.28%、0.11%、0% 和 1.09%,两者相比,喷水冷却试块抗压强度的提高率比自然冷却的高出 0.89%、15.53%、3.74% 和 4.73%。14 d 龄期混凝土经过 500 ℃高温后静置至 28 d、35 d、42 d 和 56 d 时,喷水冷却试块的抗压强度提高 0.93%、7.41%、7.60% 和 0.95%,自然冷却试块的抗压强度提高了 8.37%、18.52%、7.67% 和 13.03%,两者相比,自然冷却试块抗压强度的提高率比喷水冷却的分别高出 7.44%、11.11%、0.07% 和 12.08%。

原因分析:不同温度下,混凝土结构和内部成分发生不同变化,相同温度下采取不同冷却方式时,结构和内部成分也会不同。200~300 ℃高温后,自然冷却试块的结构仍较密实,而喷水冷却试块表面会因为温差过大而产生微小裂缝,故涂抹修复剂后,渗透到喷水冷却试块内部的修复剂比自然冷却的多,渗透深度大,内部孔隙被填充得多,混凝土密实度变大,从而抗压强度增高。超过 400 ℃时,混凝土表面产生较大裂缝,相比于被水分充填的喷水冷却试块,修复剂更容易渗入自然冷却的混凝土,此外喷水冷却试块抗压强度恢复能力好于自然冷却,故综合分析,温度超过 400 ℃后,修复剂对自然冷却后混凝土抗压强度的恢复作用好于喷水冷却。

(2) 28 d 混凝土

从图 4-7 和表 4-2 可以看出,修复剂对 28 d 混凝土高温后抗压强度的恢复促进作用随冷却方式的变化规律为:200 ℃时,修复剂对自然冷却试块抗压强度的促进作用好于喷水冷却试块,超过 200 ℃后,修复剂对喷水冷却试块抗压强度的促进作用好于自然冷却试块。28 d 混凝土经过 200 ℃高温喷水冷却后静置至 42 d 和 56 d 时,涂抹修复剂试块的抗压强度比未涂抹修复剂试块的提高了 1.43% 和 0.15%,涂抹修复剂的自然冷却试块的抗压强度比未涂抹修复剂试块的提高了 3.91% 和 3.34%,对比可知,修复剂对喷水冷却试块抗压强度的提高率比自然冷却高出 2.48% 和 3.19%。28 d 混凝土经过 400 ℃高温喷水冷却后静置至 35 d 和 42 d 时,涂抹修复剂试块的抗压强度比未涂抹修复剂试块的提高了 7.67% 和 10.52%,涂抹修复剂的自然冷却试块的抗压强度比未涂抹修复剂试块的提高了 2.51% 和 1.49%,对比可知,修复剂对喷水冷却试块抗压强度的提高率比自然冷却高出 5.16% 和 9.03%。

修复剂对 28 d 龄期混凝土高温后抗压强度的作用随龄期方式的变化规律与早龄期相反,主要原因是 28 d 混凝土已基本完成水化。

4.3　早龄期混凝土高温后抗碳化性能恢复研究

4.3.1　试验设计

(1) 试验目的

通过早龄期混凝土高温后碳化试验,得出高温时混凝土龄期、高温温度、冷却方式以及静置时间对早龄期混凝土高温后抗碳化性能的影响;通过在高温后混凝土表面涂抹修复剂的试验得出修复剂对高温后混凝土抗碳化性能的恢复作用。

（2）试块分组

本试验考虑 4 个龄期（3 d、7 d、14 d 和 28 d）、2 个高温温度（200 ℃ 和 300 ℃）、2 种冷却方式（喷水冷却和自然冷却）、4 个静置时间（28 d、35 d、42 d 和 56 d）和 2 种修复剂用量（0 kg/m² 和 0.3 kg/m²）。试块分组见表 4-1。

4.3.2　试验过程

按照表 4-1 制作混凝土立方体试块，达养护龄期后取出进行高温试验。

高温后涂抹修复剂和未涂抹修复剂试块分别静置至不同时间后，放入碳化箱进行碳化，碳化方法、测试方法和试验仪器同 2.4.2 节。

4.3.3　试验结果与分析

4.3.3.1　早龄期混凝土高温后抗碳化性能

高温后混凝土的中性化是一个复杂的过程，高温作用促使氢氧化钙脱水分解成为氧化钙和水蒸气，使混凝土的碱性降低，温度越高，氢氧化钙分解越多，则碱性降低就越明显，进而混凝土越接近中性。此过程称为高温作用下混凝土的中性化。

本节主要进行的是高温后混凝土性能的促进恢复研究，就抗碳化性能的修复来讲，可以认为同一温度下使用和未使用修复剂试块的高温中性化的程度是一致的，所以本书将不考虑高温致使混凝土中性化的影响，主要研究分析了冷却方式、静置时间等因素对高温后混凝土加速碳化后碳化深度的影响。

（1）早龄期混凝土

① 冷却方式的影响

图 4-8 给出了早龄期混凝土高温后的碳化深度。

由图 4-8 可知，经过不同高温作用后，早龄期混凝土加速碳化后碳化深度随冷却方式的变化为喷水冷却高于自然冷却，但是从碳化深度值来看，两者接近，并没有较大区别。如温度为 200 ℃ 时，3 d、7 d 和 14 d 混凝土高温后静置至 28 d 加速碳化 14 d 后，自然冷却和喷水冷却试块的碳化深度分别为 19.08 mm 和 23.74 mm，18.70 mm 和 19.27 mm，16.79 mm 和 17.38 mm。

原因分析：冷却过程中，由于混凝土试块和外界环境存在一定的温度差，这种温度差会引起混凝土表面裂缝的发展，相比自然冷却当采取喷水冷却时，试块内外温差更大，热胀冷缩作用引起更大裂缝，除此之外，喷水冷却中的水分渗入混凝土内部，与高温后混凝土分解成分发生反应，引起混凝土体积膨胀，加剧裂缝发展，故喷水冷却试块的碳化深度更大。

② 静置时间的影响

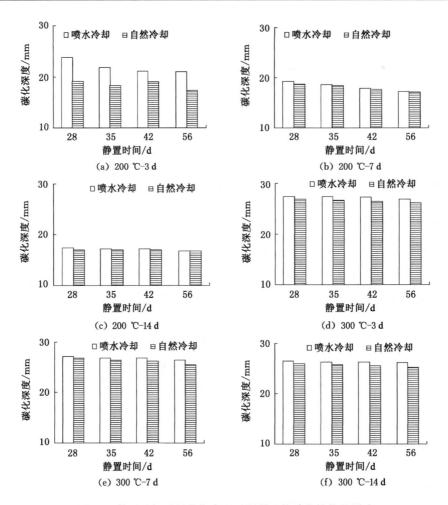

图 4-8　静置时间对早龄期高温后混凝土抗碳化性能的影响

由图 4-8 可知,随静置时间的延长,高温后试块加速碳化后的碳化深度呈现下降的趋势。

原因分析:随静置时间的延长,由于高温作用造成的混凝土表面微裂缝会逐渐愈合,同时氢氧化钙脱水产物氧化钙吸收空气中水分形成氢氧化钙,也可使混凝土的结构变得更致密,故表现为早龄期高温后混凝土抗碳化性能随静置时间的延长而提高。

(2) 28 d 混凝土

图 4-9 给出了 28 d 龄期混凝土高温后的碳化深度。

由图 4-9 可以看出,28 d 混凝土高温后抗碳化性能随温度、静置时间和冷却

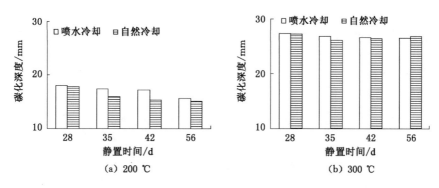

图 4-9　静置时间对 28 d 混凝土高温后抗碳化性能的影响

方式的变化趋势与早龄期高温后混凝土一致,即温度越高,碳化深度越大;高温后喷水冷却试块的碳化深度大于自然冷却试块的碳化深度;随高温后静置时间的延长,混凝土的抗碳化性能得到了一定的恢复。

4.3.3.2　高温后混凝土抗碳化性能的恢复

(1)早龄期混凝土

图 4-10 给出了修复剂对早龄期混凝土高温后抗碳化性能恢复的影响。

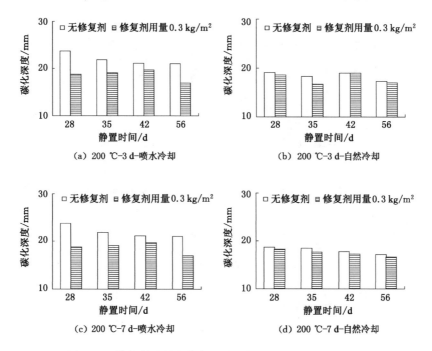

图 4-10　修复剂对早龄期高温后混凝土抗碳化性能的影响

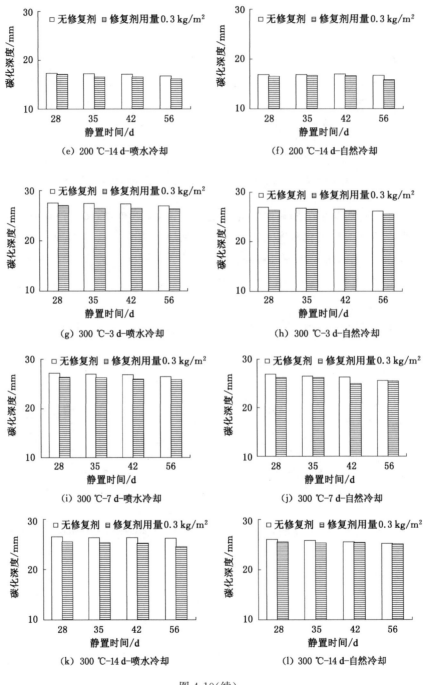

(e) 200 ℃-14 d-喷水冷却　　　　　　(f) 200 ℃-14 d-自然冷却

(g) 300 ℃-3 d-喷水冷却　　　　　　(h) 300 ℃-3 d-自然冷却

(i) 300 ℃-7 d-喷水冷却　　　　　　(j) 300 ℃-7 d-自然冷却

(k) 300 ℃-14 d-喷水冷却　　　　　　(l) 300 ℃-14 d-自然冷却

图 4-10(续)

（2）28 d 混凝土

图 4-11 给出了修复剂对 28 d 混凝土高温后抗碳化性能恢复的影响。

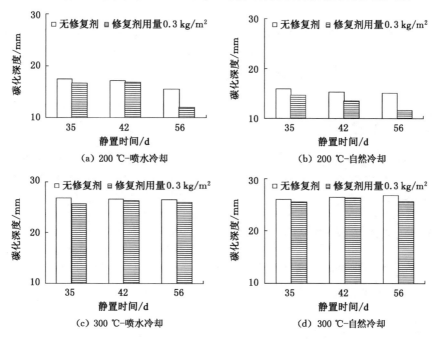

图 4-11　修复剂对 28 d 混凝土高温后抗碳化性能的影响

由图 4-10 和图 4-11 可知,涂抹修复剂的高温后混凝土加速碳化后的碳化深度均小于未涂抹修复剂试块的碳化深度。

原因分析:涂抹修复剂后,一方面,修复剂在混凝土试块表面起到了一层保护膜作用,在一定程度上阻止了二氧化碳在混凝土中的渗透;另一方面,修复剂在混凝土表面的渗透,可以与混凝土内部物质发生反应,使得混凝土结构密实,提高了高温后混凝土抵抗二氧化碳侵蚀的能力。

4.4　早龄期混凝土高温后抗渗透性能恢复研究

4.4.1　试验设计

（1）试验目的

通过早龄期混凝土高温后抗渗透性能试验,得出高温时混凝土龄期、高温温度、冷却方式以及高温后静置时间对早龄期混凝土高温后抗渗透性能的影响,通过分析在高温后混凝土表面涂抹修复剂的试验结果总结出修复剂对高温后混凝土抗渗透性能恢复作用的影响规律。

(2) 试块分组

试验考虑 4 个龄期(3 d、7 d、14 d 和 28 d)、5 个高温温度(200 ℃、300 ℃、400 ℃、500 ℃ 和 600 ℃)、2 种冷却方式(喷水冷却和自然冷却)、4 个静置时间点(28 d、35 d、42 d 和 56 d)和 2 种修复剂用量(0 kg/m² 和 0.3 kg/m²)。试块分组见表 4-1。

4.4.2 试验过程

按照表 4-1 制作 ϕ100 mm×50 mm 混凝土圆饼试块,达到养护龄期进行高温试验,在高温后给试块涂抹修复剂,然后按试验方案进行氯离子渗透试验,试验过程同 2.5.2 节。

4.4.3 试验结果与分析

4.4.3.1 早龄期混凝土高温后抗渗透性能

(1) 早龄期混凝土

① 温度的影响

图 4-12 给出了早龄期混凝土高温后氯离子渗透系数随温度的变化趋势。

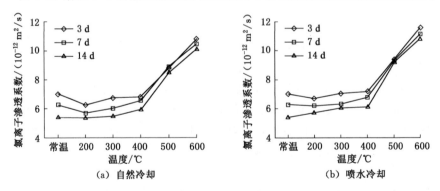

图 4-12 早龄期混凝土高温后氯离子渗透系数随温度变化趋势

由图 4-12 可看出,随着温度的升高,早龄期混凝土高温后的氯离子渗透系数变化规律为:高温温度为 200 ℃ 时,早龄期混凝土氯离子渗透系数与常温相比略微有所下降,常温下 3 d、7 d 和 14 d 龄期混凝土氯离子渗透系数为 7.02×10^{-12} m²/s、6.28×10^{-12} m²/s 和 5.42×10^{-12} m²/s,高温 200 ℃ 后的自然冷却试块的氯离子渗透系数为 6.27×10^{-12} m²/s、5.72×10^{-12} m²/s 和 5.40×

10^{-12} m^2/s,高温后的氯离子渗透系数比常温时降低了 10.7%、8.9%和0.4%,这是因为 3 d、7 d 和 14 d 龄期混凝土内部水泥水化反应不完全,200 ℃高温促进了混凝土内部的水化反应进行,使未水化的水泥颗粒水化,水化产物增多,结构更加致密,抗渗透性能提高。300～400 ℃时,早龄期混凝土高温后的氯离子渗透系数基本变化不大,300 ℃高温后 3 d、7 d 和 14 d 龄期混凝土自然冷却试块的氯离子渗透系数为 $6.75×10^{-12}$ m^2/s、$6.03×10^{-12}$ m^2/s 和 $5.51×10^{-12}$ m^2/s,因为此时混凝土内部游离水的逸出使水泥颗粒更紧密,产生类似蒸汽养护的作用,促进了水泥颗粒的进一步水化,而且凝胶体低温脱水使组织结构逐渐变得致密,从而混凝土抗渗透性能有所提高。500～600 ℃时早龄期混凝土高温后的抗渗透性能迅速下降,500 ℃高温后 3 d、7 d 和 14 d 龄期混凝土自然冷却试块的氯离子渗透系数为 $8.82×10^{-12}$ m^2/s、$8.88×10^{-12}$ m^2/s 和 $8.50×10^{-12}$ m^2/s,高温后的氯离子渗透系数比高温前提高了 25.6%、41.4%和56.8%,这是因为混凝土内部水分基本完全失去,内部起骨架作用的 $Ca(OH)_2$ 受热分解,在进行试验饱水时重新吸水,造成体积膨胀,混凝土结构破坏。另外,加热过程中水泥石收缩骨料膨胀的差异使得骨料与水泥浆体之间产生裂缝,使混凝土抗渗透性能迅速下降。

② 冷却方式的影响

图 4-13 给出了冷却方式对早龄期混凝土高温后氯离子渗透系数的影响。

图 4-13 显示早龄期混凝土高温后自然冷却试块氯离子渗透系数均低于喷水冷却试块。高温温度为 200 ℃时,3 d、7 d 和 14 d 龄期混凝土高温后喷水冷却试块的氯离子渗透系数分别为 $6.73×10^{-12}$ m^2/s、$6.22×10^{-12}$ m^2/s 和 $5.74×10^{-12}$ m^2/s,自然冷却试块的氯离子渗透系数分别为 $6.27×10^{-12}$ m^2/s、$5.72×10^{-12}$ m^2/s 和 $5.40×10^{-12}$ m^2/s,喷水冷却试块的氯离子渗透系数分别比自然冷却试块的高 7.3%、8.7%和6.3%。高温温度为 500 ℃时,3 d、7 d 和 14 d 混凝土高温后喷水冷却试块的氯离子渗透系数分别为 $9.44×10^{-12}$ m^2/s、$9.32×10^{-12}$ m^2/s 和 $9.25×10^{-12}$ m^2/s,自然冷却试块的氯离子渗透系数分别为 $8.82×10^{-12}$ m^2/s、$8.88×10^{-12}$ m^2/s 和 $8.50×10^{-12}$ m^2/s,喷水冷却试块的氯离子渗透系数分别比自然冷却试块的高 7.0%、5.0%和8.8%。高温温度为 600 ℃时,3 d、7 d 和 14 d 混凝土高温后喷水冷却试块的氯离子渗透系数分别为 $11.62×10^{-12}$ m^2/s、$11.16×10^{-12}$ m^2/s 和 $10.85×10^{-12}$ m^2/s,自然冷却试块的氯离子渗透系数分别为 $10.80×10^{-12}$ m^2/s、$10.46×10^{-12}$ m^2/s 和 $10.14×10^{-12}$ m^2/s,喷水冷却试块的氯离子渗透系数比自然冷却的高 7.6%、6.7%和7.0%。

原因分析:冷却过程中,混凝土试块和外界环境存在一定的温度差,这种温度差引起混凝土表面裂缝发展和一部分骨料与水泥浆体的分离。不同温度差产

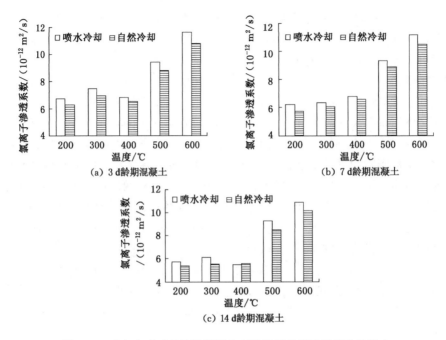

图 4-13　冷却方式对早龄期混凝土高温后氯离子渗透系数的影响

生不同温度应力,采取喷水冷却时,温差更大,热胀冷缩作用造成更大裂缝,裂缝的存在导致混凝土的抗渗透性能降低。

(2) 28 d 混凝土

图 4-14 给出了 28 d 混凝土经历不同高温温度后的氯离子渗透系数。

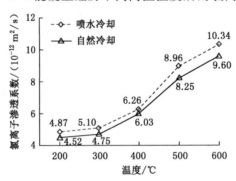

图 4-14　28 d 混凝土高温后氯离子渗透系数

① 温度的影响

由图 4-14 可知,28 d 混凝土高温后氯离子渗透系数随温度的升高而升高,超过 400 ℃后氯离子渗透系数迅速升高。主要原因是温度越高,温度对混凝土的破坏作用越大,表面的裂缝越宽越深,温度超过 500 ℃后,混凝土内部 C—S—H 凝胶分解以及水泥石和粗骨料的热膨胀差异使得界面受到破坏,结构疏松,出现裂缝,故混凝土氯离子渗透系数快速升高。

② 冷却方式的影响

从图 4-14 中可以看出喷水冷却试块的氯离子渗透系数高于自然冷却试块,且温度越高,差异越明显。如为 200 ℃时,喷水冷却试块的氯离子渗透系数为 4.87×10^{-12} m^2/s,自然冷却试块为 4.52×10^{-12} m^2/s,喷水冷却试块的氯离子渗透系数比自然冷却的高 7.7%;600 ℃时,喷水冷却试块的氯离子渗透系数为 10.34×10^{-12} m^2/s,自然冷却试块为 9.60×10^{-12} m^2/s,喷水冷却试块的氯离子渗透系数比自然冷却的高 7.7%。

原因分析:与早龄期混凝土结果相似,冷却过程中 28 d 混凝土试块和外界环境存在一定的温度差,温度差引起混凝土表面裂缝发展和一部分骨料与水泥浆体的分离。不同温度差产生不同的温度应力,喷水冷却时温度差更大,则裂缝发展加剧,故喷水冷却下混凝土抗渗透性能较低。

4.4.3.2 涂抹修复剂后早龄期混凝土高温后抗渗透性能

(1) 早龄期混凝土

图 4-15 给出了修复剂对早龄期混凝土高温后抗渗透性能恢复的影响。

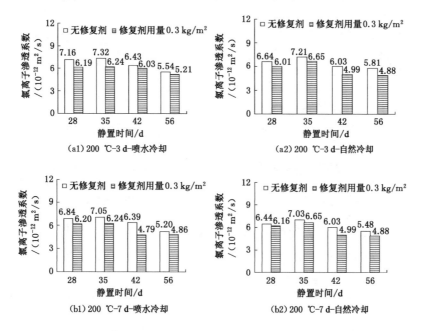

图 4-15 修复剂对早龄期混凝土高温后抗渗透性能的影响

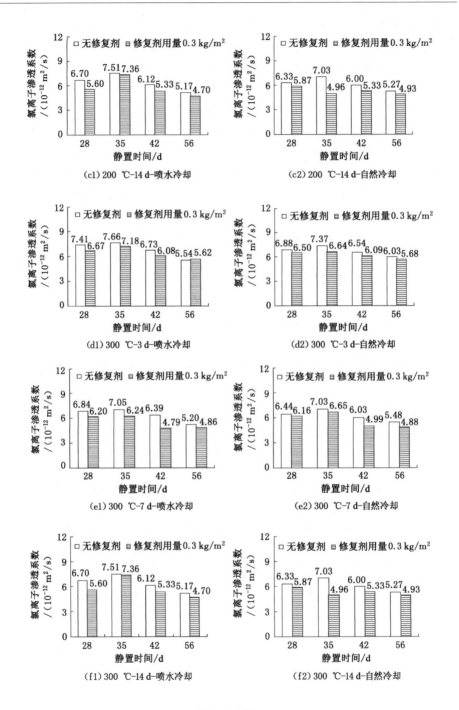

图 4-15(续)

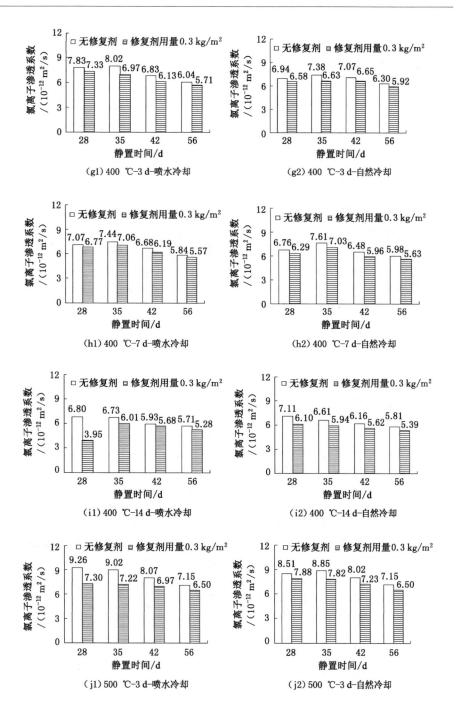

图 4-15(续)

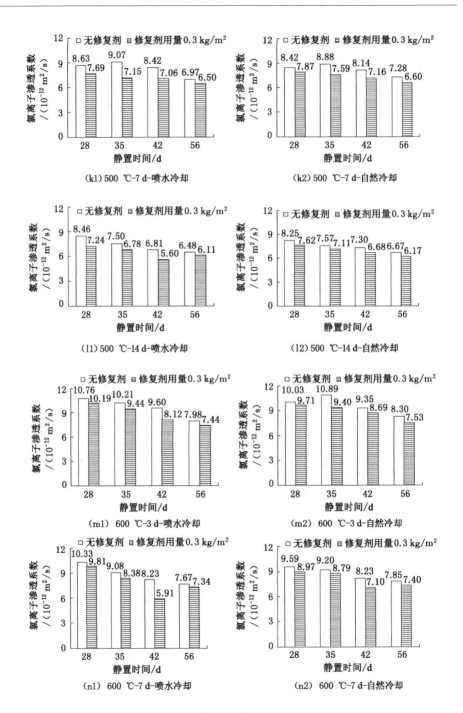

(k1) 500 ℃-7 d-喷水冷却

(k2) 500 ℃-7 d-自然冷却

(l1) 500 ℃-14 d-喷水冷却

(l2) 500 ℃-14 d-自然冷却

(m1) 600 ℃-3 d-喷水冷却

(m2) 600 ℃-3 d-自然冷却

(n1) 600 ℃-7 d-喷水冷却

(n2) 600 ℃-7 d-自然冷却

图 4-15(续)

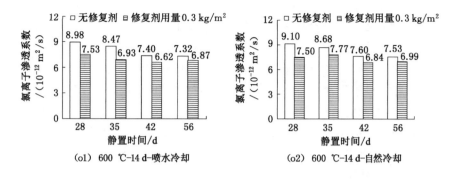

图 4-15(续)

从图 4-15 中可以看出,涂抹修复剂试块的氯离子渗透系数明显小于无修复剂试块,且修复剂对高温后混凝土抗渗透性能的恢复作用随冷却方式、静置时间和温度的改变而改变。

① 冷却方式的影响

由图 4-15 可以看出,静置前期修复剂对喷水冷却试块抗渗透性能的恢复作用好于自然冷却,静置后期修复剂对自然冷却试块抗渗透性能的恢复作用好于喷水冷却。高温温度为 200 ℃时,3 d 混凝土高温后静置至 28 d、35 d、42 d 和 56 d 时,涂抹修复剂的喷水冷却试块的氯离子渗透系数为 6.19×10^{-12} m²/s、6.24×10^{-12} m²/s、6.03×10^{-12} m²/s 和 5.21×10^{-12} m²/s,未涂抹修复剂试块的氯离子渗透系数为 7.16×10^{-12} m²/s、7.32×10^{-12} m²/s、6.43×10^{-12} m²/s 和 5.54×10^{-12} m²/s,涂抹修复剂试块的氯离子渗透系数分别比未涂抹修复剂试块的降低了 13.54%、14.75%、6.22% 和 5.96%;涂抹修复剂的自然冷却试块的氯离子渗透系数为 6.01×10^{-12} m²/s、6.65×10^{-12} m²/s、4.99×10^{-12} m²/s 和 4.88×10^{-12} m²/s,未涂抹修复剂试块的氯离子渗透系数为 6.64×10^{-12} m²/s、7.21×10^{-12} m²/s、6.03×10^{-12} m²/s 和 5.81×10^{-12} m²/s,涂抹修复剂试块的氯离子渗透系数分别比未涂抹修复剂试块的降低了 9.49%、7.77%、17.25% 和 16.00%。其原因是喷水冷却对混凝土抗渗透性能造成了更进一步的劣化,但进入混凝土的水分也为其进一步的水化提供了条件,随静置时间的延长,喷水冷却试块的抗渗透性能会得到一定的恢复,故修复剂对喷水冷却试块的抗渗透性能的恢复作用低于自然冷却。

② 静置时间的影响

由图 4-15 可以看出,随静置时间的延长,修复剂对高温后混凝土抗渗透性能的恢复作用的变化趋势为先提高后降低,静置至 35 d 时修复剂的恢复作用最好。7 d 龄期混凝土经历 300 ℃高温后静置至 28 d、35 d、42 d 和 56 d 时,喷水冷却和自然冷却试块的氯离子渗透系数分别降低了 12.54% 和 5.90%、31.41% 和 26.94%、21.80% 和 17.42%、7.59% 和 8.64%。

原因分析:涂抹修复剂后的最初静置时间里,修复剂的渗透深度和与内部的反应均处于初始阶段,修复剂对混凝土的密封作用刚刚形成,与内部物质反应也不完全,随静置时间的延长,修复剂的渗透深度更深,反应产物也越多,故修复效果也越好,静置至 56 d 后,渗入的修复剂在静置 42 d 时已基本与混凝土内部物质完成反应,此时修复剂主要起到密封作用,故此时恢复作用比 42 d 时有所降低。

③ 温度的影响

由图 4-15 可以看出,温度超过 500 ℃后,修复剂对高温后混凝土抗渗透性能的恢复效果迅速增强。如 3 d 混凝土高温后静置至 42 d 时,200～600 ℃喷水冷却试块的氯离子渗透系数分别降低了 6.15%、9.66%、10.29%、13.59% 和 15.41%,主要原因是温度超过 500 ℃,混凝土内部水分基本蒸发,裂缝明显,为修复剂的渗透提供条件,故此时修复剂的修复效果明显高于其他温度

(2) 28 d 混凝土

图 4-16 给出了修复剂对 28 d 混凝土高温后抗渗透性能的影响。

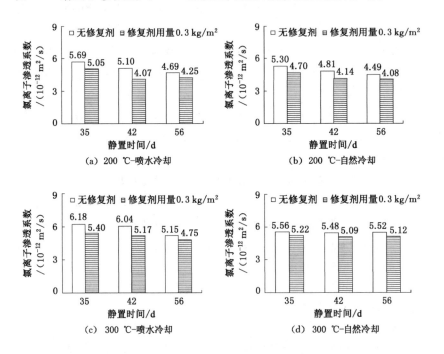

图 4-16　修复剂对 28 d 混凝土高温后抗渗透性能的影响

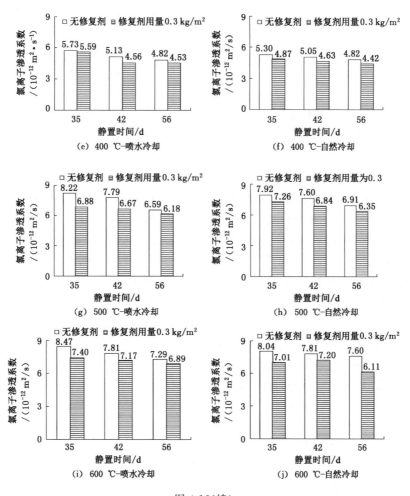

图 4-16(续)

① 冷却方式的影响

从图 4-16 可以看出,修复剂对 28 d 混凝土高温后抗渗透性能的恢复作用随冷却方式的变化趋势为:静置前期修复剂对喷水冷却试块抗渗透性能的恢复作用好于自然冷却,静置后期对自然冷却试块氯离子渗透系数的恢复作用好于喷水冷却。高温温度为 300 ℃时,喷水冷却试块在静置至 35 d、42 d 和 56 d 时氯离子渗透系数分别比未涂抹修复剂试块的降低了 12.62％、14.40％和 7.77％,自然冷却试块的氯离子渗透系数分别比未涂抹修复剂试块的降低了 6.51％、7.12％和 7.25％;高温温度为 600 ℃时,喷水冷却试块在静置至 35 d、42 d 和 56 d 时氯离子渗透系数分别比未涂抹修复剂试块的降低了 12.63％、

8.19％和5.49％,自然冷却试块的氯离子渗透系数分别比未涂抹修复剂试块的降低了12.81％、7.81％和19.61％。同早龄期混凝土结果类似,产生这种变化趋势的原因为喷水冷却对混凝土抗渗透性能造成了更进一步的劣化,但是喷水冷却时进入混凝土内部的水分也为混凝土的进一步水化提供了条件,随静置时间的延长,喷水冷却试块的抗渗透性能会得到一定的恢复,故修复剂对喷水冷却试块的抗渗透性能的恢复作用低于自然冷却。

② 静置时间的影响

由图4-16可以看出,修复剂对28 d混凝土高温后抗渗透性能的恢复作用,随静置时间不同而不同。静置至42 d时修复剂的恢复效果最好。高温温度为200 ℃时,28 d混凝土高温后静置至35 d、42 d和56 d时,喷水冷却和自然冷却试块的氯离子渗透系数分别比未涂抹修复剂试块的降低11.25％、20.20％、9.38％和11.32％、13.93％、9.13％;高温温度为400 ℃时,喷水冷却和自然冷却试块静置至35 d、42 d和56 d的氯离子渗透系数分别比未涂抹修复剂试块的降低了2.44％、11.11％、6.02％和8.11％、8.32％、8.30％。

原因分析:在涂抹修复剂后的最初静置时间里,修复剂的渗透深度和与内部的反应均处于初始阶段,修复剂对混凝土的密封作用刚刚形成,与内部物质反应也不完全,随静置时间的延长,修复剂在混凝土内的渗透深度更大,反应产物也越多,故修复效果也越好,静置至56 d时,渗入的修复剂在静置42 d时已基本与混凝土内部物质完成反应,此时起主导作用的是修复剂的密封作用,故此时修复剂作用相比42 d时有所降低。

③ 温度的影响

由图4-16可知,超过500 ℃后,修复剂对高温后混凝土抗渗透性能的恢复作用迅速增强。如28 d混凝土高温后静置至35 d时,200~600 ℃下,涂抹修复剂试块的氯离子渗透系数分别比未涂抹修复剂试块的降低了11.25％、12.62％、2.44％、16.30％和12.63％,主要原因是当高温温度超过500 ℃后,混凝土内部水分基本全部蒸发,裂缝明显且宽,为修复剂的渗透提供了条件,故此时修复剂的修复效果优于其他温度。

4.5　修复剂恢复早龄期高温后混凝土性能的机理研究

4.5.1　试验设计

4.5.1.1　试验目的

该部分试验主要进行了修复剂恢复早龄期高温后混凝土性能的微观机理研

究,通过扫描电镜(SEM)、X射线荧光光谱仪(XRF)和X射线衍射仪(XRD)等现代分析仪器,从微观形态、成分分析等方面对修复剂的恢复作用进行研究,得出相应的促进机理。

4.5.1.2　试件制作与分组

试块制作及试验同2.6.1.2节。

本试验的试验样品共3份,分别取自7 d龄期混凝土高温500 ℃后自然冷却试块、7 d龄期混凝土高温500 ℃后自然冷却后静置至28 d试块以及7 d龄期混凝土高温500 ℃自然冷却后涂抹修复剂静置至28 d试块。

4.5.2　试验结果分析

4.5.2.1　扫描电镜(SEM)结果及分析

图4-17给出了3个试块的扫描电镜照片。

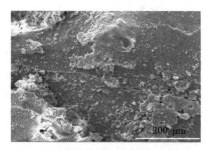

(a)　7 d龄期混凝土高温500 ℃自然冷却

(b)　7 d龄期混凝土高温500 ℃自然冷却

(c)　7 d龄期混凝土高温500 ℃
自然冷却后静置至28 d

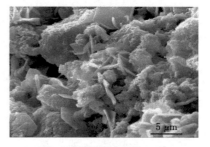

(d)　7 d龄期混凝土高温500 ℃
自然冷却后静置至28 d

图4-17　混凝土微观形貌

（e）7 d龄期混凝土高温500 ℃
自然冷却后使用修复剂静置至28 d

（f）7 d龄期混凝土高温500 ℃
自然冷却后使用修复剂静置至28 d

图 4-17 （续）

从图 4-17(a)可以看出，早龄期 7 d 混凝土高温后试块表面出现较明显裂缝，且与图 2-40(a)相比，可知高温后混凝土内部水化产物 C—S—H 凝胶体分解，结构遭到破坏，这也证实了高温后混凝土性能降低的原因。

对比图 4-17(a)、(b)可以发现，7 d 龄期混凝土高温后静置至 28 d 时，从微观形态上来说，混凝土内部仍存在空隙；从混凝土内部生成物来说，与高温后混凝土相比，混凝土内部产生了一些水化物，并且与图 2-40(b)、(c)中常温混凝土 28 d 的水化产物相比可知，早龄期 7 d 混凝土高温后静置至 28 d 时内部产生了片状水化物氢氧化钙，充填了混凝土内部一部分的微裂缝及空隙，从而使混凝土性能得到了一定的恢复。

从图 4-17(c)可以发现，使用修复剂后静置至 28 d 试块的内部也出现了水化产物，但是与图 4-17(b)比较，可以发现使用修复剂试块的水化产物与未使用修复剂试块的水化产物在形态上出现了差异，对于使用修复剂试块内的水化产物为何物，还需进行进一步研究。故本节还进行了 XRF 和 XRD 试验来验证使用修复剂试块内部是否生成了新的物质。

4.5.2.2 XRF 结果及分析

表 4-3 给出了早龄期 7 d 混凝土高温 500 ℃自然冷却试块（A）、早龄期 7 d 混凝土高温 500 ℃自然冷却后静置至 28 d 试块（B）以及早龄期 7 d 混凝土高温 500 ℃自然冷却后使用修复剂静置至 28 d 试块（C）的 XRF 检测结果。

从表中可以明确看出，三个混凝土样品中所含元素基本相同。针对各元素含量的多少，本节对样品中的主要物质——Al_2O_3、CaO、Fe_2O_3、K_2O、MgO、SiO_2 进行分析。含氧化合物中非氧元素的相对含量可以通过分子量的组成比例求出，如表 4-4 所示。

表 4-3　样品 XRF 检测结果

分子式	Z	A		B		C	
		含量/%	净强度	含量/%	净强度	含量/%	净强度
Al_2O_3	13	9.59	65.73	9.18	83.08	7.12	64.86
Ba	56	0.041	0.287 5	0.028	0.246 8	0.025	0.522 7
CaO	20	33.47	653.8	32.62	844.3	29.35	690.5
Cl	17	0.068 2	1.927	0.054 6	1.627	0.061 3	1.78
CO_3	6	23.3	基体	25.8	基体	23.6	基体
Fe_2O_3	26	3.618	192.8	3.468	254.3	2.787	204.4
K_2O	19	0.863	19.53	0.878	26.62	3.937	114.7
MgO	12	2.39	21.24	2.22	24.32	1.74	19.06
Mn	25	0.075 2	3.974	0.077	5.777	0.059 7	4.476
Na_2O	11	0.28	0.98	0.322	1.43	1.39	6.249
P	15	0.042	0.762 8	0.028	0.72	0.025	0.622 7
S	16	0.619	16.41	0.491	23.79	0.353	16.64
SiO_2	14	25.14	181.6	24.45	235.2	29.2	287.1
Sr	38	0.045 8	30.46	0.041 4	35.64	0.038 9	34.18
TiO_2	22	0.407	4.731	0.36	5.688	0.278	4.355

表 4-4　主要元素含量表

分子式	Z	A		B		C	
		含量/%	净强度	含量/%	净强度	含量/%	净强度
Al	13	5.077	65.73	4.860	83.08	3.769	64.86
Ca	20	23.907	653.8	23.300	844.3	20.964	690.5
Fe	26	2.533	192.8	2.428	254.3	1.951	204.4
K	19	0.716	19.53	0.729	26.62	3.267	114.7
Mg	12	1.434	21.24	1.332	24.32	1.044	19.06
Na	11	0.208	0.98	0.239	1.43	1.031	6.249
Si	14	11.732	181.6	11.410	235.2	13.627	287.1

图 4-18 给出了样品中主要元素含量情况,图中样品 A、B、C、D 的来源分别为:A 来自 7 d 混凝土高温 500 ℃自然冷却试块,B 来自早龄期 7 d 混凝土高温 500 ℃自然冷却后静置至 28 d 试块,C 来自早龄期 7 d 混凝土高温 500 ℃自然

冷却后使用修复剂静置至 28 d 试块,D 来自 28 d 龄期混凝土试块。

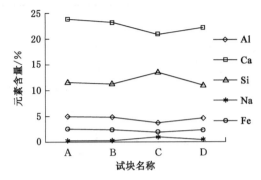

图 4-18　样品中主要元素含量

　　从图 4-18 中可以看出,四个试样中元素含量基本变化不大,作为混凝土中的主要元素 Ca 元素和 Si 元素,由于试块取样的均匀性有差异,两种元素的含量有所波动,但是不影响整体的分析。

　　从表 4-4 和图 4-18 可以看出,高温前后以及使用修复剂前后,混凝土内部所含元素一样,即高温后以及使用修复剂后混凝土内部的元素没有变化,且含量没有较大变化。由此可知,修复剂恢复早龄期混凝土高温后性能是通过促进混凝土自身修复的方式实现的,而修复剂是如何作用的,还需要进一步研究。

4.5.2.3　XRD 结果及分析

　　由前文 XRF 结果可知,涂抹修复剂前后混凝土内元素种类及含量基本不变。为了进一步得出使用修复剂前后混凝土内部物相的变化趋势,本书进行了 X 射线衍射(XRD)试验。

　　图 4-19 给出了 3 种试块的 XRD 图。

　　从图 4-20 中可以明显看出,早龄期 7 d 混凝土高温后内部物质与常温下7 d 混凝土内部物质相比,成分没有较大区别,但是物质含量发生了变化。对比图 2-42(a)可以发现,混凝土内部 $Ca(OH)_2$ 含量明显减少,也就是说 $Ca(OH)_2$ 在经过 500 ℃ 高温后进行了分解,这从另一方面也解释了高温后混凝土结构疏松的原因。

　　对比图 4-19(a)和(b)可以发现,早龄期 7 d 混凝土高温后自然冷却静置至28 d 时,混凝土内部出现了新的物质 C—A—H,即高温后静置中的混凝土发生了二次水化,产生了新的水化物质,故静置一段时间后,早龄期混凝土高温后的性能有了一定的恢复,但是恢复的程度有限。

　　对比图 4-19(b)和(c)可以发现,使用修复剂前后混凝土内部物质基本一致,

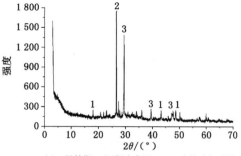

（a）早龄期7 d混凝土高温500 ℃自然冷却试块

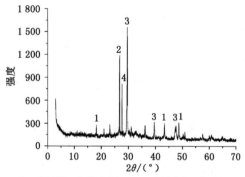

（b）早龄期7 d混凝土高温500 ℃自然冷却后静置至28 d试块

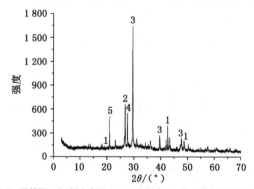

（c）早龄期7 d混凝土高温500 ℃自然冷却后使用修复剂静置至28 d试块

1—Ca(OH)$_2$；2—SiO$_2$；3—CaSO$_3$；4—C—A—H；5—C—S—H。

图 4-19　混凝土 XRD 图

但是使用修复剂试块的物质比无修复剂试块的多了 C—S—H，即修复剂促进了高温后混凝土内部的二次水化，产生了新的物质，填补内部孔隙和微裂缝，从而恢复促进混凝土性能的发展。

4.6　本章小结

（1）早龄期和28 d混凝土经过不同高温后，喷水冷却试块的抗压强度均低于自然冷却试块；随静置时间的延长高温后试块抗压强度先降低，达到最低点后，缓慢回升，逐渐趋于平稳。

（2）在高温后混凝土表面涂抹修复剂可以恢复早龄期和28 d混凝土高温后抗压强度，且修复剂的恢复作用随高温温度、静置时间和冷却方式等因素的变化而变化。高温温度越高，修复剂对高温后试块抗压强度的恢复作用越明显；修复剂对早龄期混凝土高温后抗压强度的恢复作用在静置至35 d时最好，对28 d混凝土高温后抗压强度的恢复效果的最大值出现在静置至42 d时，此后随静置时间的延长恢复作用减缓；高温温度为200 ℃和300 ℃时，修复剂对喷水冷却试块抗压强度的恢复作用好于自然冷却试块，超过300 ℃后对自然冷却试块抗压强度的恢复作用好于喷水冷却。

（3）混凝土遭受高温温度越高，高温后的抗碳化性能越差；高温后混凝土抗碳化性能随静置时间的延长而得到一定的恢复；喷水冷却试块的抗碳化性能劣于自然冷却试块的抗碳化性能；涂抹修复剂试块的抗碳化性能优于无修复剂试块的抗碳化性能。

（4）早龄期和28 d混凝土的抗渗透性能随温度的升高呈现增长—稳定—迅速下降的趋势，且喷水冷却试块的抗渗透性能均劣于自然冷却试块。

（5）涂抹修复剂可以恢复早龄期和28 d混凝土的抗渗透性能，其恢复作用随温度、冷却方式和静置时间的变化规律为：高温温度越高，修复剂对高温后混凝土抗渗透性能的恢复作用越好；静置前期修复剂对喷水冷却试块抗渗透性能的恢复作用好于自然冷却试块；静置后期对自然冷却试块的恢复作用好于喷水冷却试块；对早龄期高温混凝土而言，静置至35 d时，修复剂的恢复作用最好，对28 d高温混凝土，静置至42 d时，修复剂的恢复作用最好。

（6）从微观来看，早龄期混凝土高温后混凝土内部物质单一，$Ca(OH)_2$分解，结构疏松，静置一段时间后，混凝土内生成了新的物质，发生了二次水化，性能得到一定恢复。涂抹修复剂后，混凝土表层的密实度得到了提高，且修复剂促进了高温后混凝土内部物质的二次水化反应，生成新的物质，从而更好地促进了早龄期混凝土性能的恢复。

5　受硫酸盐侵蚀混凝土性能改善研究

5.1　引言

硫酸盐侵蚀是对混凝土结构破坏性较大的一种,同时也是影响混凝土耐久性的重要因素之一。在沿海及内陆盐湖地区,环境中含有的硫酸盐会在各种条件下对混凝土进行侵蚀,使混凝土抗压强度和耐久性降低,甚至造成结构的破坏,因此受硫酸盐侵蚀的混凝土应引起人们的广泛关注和深入研究。

本章对不同混凝土进行了侵蚀破坏试验,并通过在受硫酸盐侵蚀试块表面涂抹修复剂来改善混凝土性能,研究了侵蚀时间、静置时间和修复剂对受硫酸盐侵蚀混凝土抗压强度、抗碳化性能以及抗渗透性能的影响。

5.2　不同修复剂改善受硫酸盐侵蚀混凝土性能对比研究

5.2.1　试验概况

(1) 试验目的

通过对比 2 种不同种类修复剂对受硫酸盐侵蚀混凝土抗压强度的改善试验,得到改善受硫酸盐侵蚀混凝土抗压强度效果较好的修复剂,为后续试验研究奠定基础。

(2) 试验方案

采用质量分数为 15% 的硫酸钠溶液浸泡混凝土试块,浸泡时间为 30 d。试块在溶液中浸泡 30 d 后,取出放置于室内环境下,并静置 7 d 后进行试验。

(3) 试块分组

为对比分析不同修复剂改善受硫酸盐侵蚀混凝土抗压强度的效果,试验中考虑了 2 种修复剂（B 型和 L 型）、修复剂用量（B 型：$0.3~\text{kg/m}^2$，L 型：$0.3~\text{kg/m}^2$ 和 $0.6~\text{kg/m}^2$）。试验具体考虑因素见表 5-1。

表 5-1   修复剂选型试验考虑因素

混凝土强度	考虑因素	参数
C25	硫酸盐侵蚀时间/d	30
	修复剂用量/(kg/m²)	0、0.3(L 型/B 型)、0.6(L 型)
	涂抹修复剂后静置时间/d	7

表 5-2 给出了试块分组表。

表 5-2   修复剂选型试验试件分组表

试件编号	硫酸钠侵蚀时间/d	修复剂用量/(kg/m²)	静置时间/d
Q01-07	30	0	7
Q01-0.3B-07		0.3(B 型)	7
Q01-0.3L-07		0.3(L 型)	7
Q01-0.6L-07		0.6(L 型)	7

（4）试验装置

试验加载装置同 2.2.2.1 节。

5.2.2   试验过程

按照表 2-2 配合比制作 100 mm×100 mm×100 mm 的标准立方体试块，水中养护 28 d 后，取出进行试验。试验过程如下：

（1）经测试 28 d 试块抗压强度为 29.12 MPa，可评定强度等级为 C25。

（2）根据表 5-2 试块分组表，按试验方案把试块放入硫酸钠溶液进行浸泡，浸泡 30 d 后，取出试块，进行试验。

（3）按照试验方案，在侵蚀后试块表面涂抹修复剂，并静置 7 d 后，进行抗压强度测试。

5.2.3   试验结果与分析

表 5-3 列出了涂抹修复剂后受硫酸盐侵蚀混凝土的抗压强度。

表 5-3   修复剂选型试验受硫酸盐侵蚀后混凝土抗压强度

试块编号	强度/MPa	试块编号	强度/MPa
Q01-07	40.4	Q01-0.3B-07	42.3
Q01-0.3L-07	40.8	Q01-0.6L-07	41.4

由表 5-3 可以看出,修复剂对受硫酸盐侵蚀混凝土抗压强度的改善效果随修复剂用量的增加而增强,且修复剂种类不同时,改善作用也不同。

受硫酸盐侵蚀 30 d 混凝土静置 7 d 时抗压强度为 40.4 MPa,表面涂抹 0.3 kg/m² 和 0.6 kg/m² 的 L 型修复剂的试块静置至 7 d 的抗压强度分别为 40.8 MPa 和 41.4 MPa,涂抹用量为 0.3 kg/m² 的 B 型修复剂的试块的抗压强度为 42.3 MPa,分别比未涂抹修复剂试块的抗压强度提高了 0.99%、2.48% 和 4.70%。

对比分析可知,B 型修复剂对受硫酸盐侵蚀混凝土抗压强度的改善作用最好。原因分析:涂抹修复剂的过程中发现,B 型修复剂黏稠度更大,涂抹时 B 型修复剂对混凝土表面的依附性更强,也就是说,B 型修复剂对受硫酸盐侵蚀混凝土有更强的同向性。当采用 L 型修复剂时,用量为 0.6 kg/m² 效果好于 0.3 kg/m²,这是因为用量越多,修复剂对混凝土表面的密封性越好,渗入内部的用量越多,与内部物质反应产物越多,混凝土内部结构越致密,抗压强度也就越高。

综上分析可知,对受硫酸盐侵蚀混凝土性能改善效果最好的是 B 型修复剂,故后面试验均采用 B 型修复剂。

5.3 受硫酸盐侵蚀混凝土抗压强度改善研究

5.3.1 试验概况

(1)试验目的

通过修复剂对受硫酸盐侵蚀混凝土抗压强度的改善试验,得出侵蚀时间、涂抹修复剂后的静置时间对受硫酸盐侵蚀混凝土抗压强度改善的影响规律。

(2)试验方案

采用质量分数为 15% 的硫酸钠溶液浸泡混凝土试块,浸泡时间分别为 30 d、60 d 和 90 d,为保持溶液的浓度,每 30 d 更换一次溶液。试块在溶液中浸泡至规定时间后,取出放置在室内环境下,并静置 7 d、28 d 和 56 d 后进行试验。

基于 5.2 节的试验结果,修复剂选用 B 型修复剂。

(3)试块分组

试验中混凝土强度等级为 C25,考虑因素为硫酸盐侵蚀时间(30 d、60 d 和 90 d)、侵蚀后静置时间(7 d、28 d 和 56 d)和修复剂用量(0 kg/m² 和 0.3 kg/m²)。试验考虑因素见表 5-4。

表 5-4　抗压强度试验考虑因素

混凝土强度	考虑因素	参数
C25	硫酸盐侵蚀时间/d	30、60 和 90
	修复剂用量/(kg/m²)	0、0.3
	涂抹修复剂后静置时间/d	7、28 和 56

表 5-5 给出了试块分组表。

表 5-5　抗压强度试验试块分组表

试件编号	硫酸钠侵蚀时间/d	修复剂用量/(kg/m²)	静置时间/d
Q01/02/03-0-0			—
Q01/02/03-07		0	07
Q01/02/03-28			28
Q01/02/03-56	30、60、90		56
Q01/02/03-B-07			07
Q01/02/03-B-28		0.3	28
Q01/02/03-B-56			56

注:表中 Q01-0-0,其中 Q 代表受硫酸盐侵蚀混凝土,第一个数字代表硫酸盐侵蚀时间,第二数字个代表修复剂,第三个数字代表涂抹修复剂后静置时间,Q01/02/03-0-0 分别代表侵蚀 30 d、60 d、90 d 后未涂抹修复剂的对比试块。

（4）试验装置

试验加载装置同 2.2.2.1 节。

5.3.2　试验过程

按照表 2-2 配合比制作 100 mm×100 mm×100 mm 的标准立方体试块,水中养护 28 d 后,取出进行试验。试验过程如下:

（1）经测试 28 d 试块抗压强度为 29.12 MPa,可评定强度等级为 C25。

（2）根据表 5-5 试块分组表,按试验方案把试块放入硫酸钠溶液进行浸泡,达浸泡时间后,取出试块,进行试验。

（3）按照试验方案,在侵蚀后试块表面涂抹修复剂,并静置至一定时间后,进行抗压强度测试。

5.3.3　试验结果与分析

5.3.3.1　受硫酸盐侵蚀混凝土抗压强度

表 5-6 给出了受硫酸盐侵蚀后的混凝土抗压强度。

表 5-6　受硫酸盐侵蚀后混凝土抗压强度

试块编号	强度/MPa	试块编号	强度/MPa	试块编号	强度/MPa
Q01	34.2	Q02	34.3	Q03	33.0
Q01-S	33.2	Q02-S	33.7	Q03-S	34.2
Q01-07	40.5	Q02-07	38.4	Q03-07	34.2
Q01-28	37.9	Q02-28	37.0	Q03-28	32.9
Q01-56	36.2	Q02-56	34.8	Q03-56	32.6

图 5-1 和图 5-2 分别给出了侵蚀时间和静置时间对受硫酸盐侵蚀混凝土抗压强度的影响。图 5-1 中水养指水中养护,是与受硫酸钠溶液侵蚀试块进行对比的试块。图 5-2 中静置时间指从硫酸钠溶液中取出后的自然养护时间。

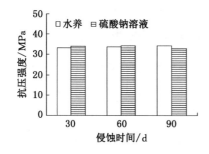

图 5-1　硫酸钠侵蚀时间对抗压强度的影响　　图 5-2　静置时间对抗压强度的影响

（1）侵蚀时间的影响

由图 5-1 可知,受硫酸盐侵蚀混凝土抗压强度随侵蚀时间的变化趋势为:侵蚀时间为 30 d 和 60 d 时混凝土抗压强度升高,侵蚀 90 d 时抗压强度降低。如侵蚀 30 d 的混凝土抗压强度为 34.2 MPa,比水养混凝土的抗压强度 33.2 MPa 提高了 2.92%;侵蚀 60 d 的混凝土的抗压强度为 34.3 MPa,比水养混凝土的抗压强度 33.7 MPa 提高了 1.75%;侵蚀 90 d 的抗压强度为 33.0 MPa,比水养混凝土的抗压强度 34.2 MPa 降低了 3.51%。

原因分析:硫酸钠溶液对混凝土的侵蚀大致可以分为两个阶段:一是侵蚀初

期,硫酸根离子从混凝土的细小裂缝与孔隙渗入混凝土内部,填充内部缝隙,混凝土结构变得致密,宏观表现为抗压强度的提高;二是侵蚀 60 d 后,硫酸根离子与混凝土内物质反应形成的钙矾石与石膏积累到一定的数量,产生膨胀应力,达到混凝土的抗拉极限,内部出现裂缝,试件开始破坏,抗压强度开始下降。

(2) 静置时间的影响

由图 5-2 可知,受硫酸盐侵蚀混凝土的抗压强度随静置时间的变化趋势为先升高后下降。以侵蚀 30 d 混凝土为例,侵蚀后抗压强度为 34.2 MPa,静置 7 d 时的抗压强度为 39.6 MPa,比侵蚀后提高了 15.79%;静置 28 d 时抗压强度为 37.9 MPa,比静置 7 d 的抗压强度降低了 4.29%;静置 56 d 时的抗压强度为 36.2 MPa,比静置 7 d 的降低了 8.59%。

原因分析:从硫酸钠溶液中取出的试块,在最初的静置时间里,侵蚀进入的硫酸根离子继续与混凝土内部物质反应,填充混凝土孔隙,结构密实度增强,随静置时间的延长,静置中的试块无硫酸盐离子的渗入,已渗入的硫酸根离子基本与混凝土内部物质反应完毕,生成物体积膨胀,产生拉应力,混凝土内部开始出现裂缝,结构破坏,强度降低。而侵蚀 90 d 混凝土,在侵蚀期间抗压强度已呈现下降趋势,即内部结构已破坏,静置时破坏作用增强,故抗压强度一直下降。

5.3.3.2　涂抹修复剂后受硫酸盐侵蚀混凝土抗压强度

表 5-7 给出了涂抹修复剂后受硫酸盐侵蚀混凝土的抗压强度。

表 5-7　涂抹修复剂后受硫酸盐侵蚀混凝土抗压强度

试块编号	强度/MPa	试块编号	强度/MPa	试块编号	强度/MPa
Q01-B-07	42.3	Q02-B-07	39.3	Q03-B-07	36.6
Q01-B-28	40.0	Q02-B-28	38.6	Q03-B-28	35.2
Q01-B-56	39.4	Q02-B-56	38.4	Q03-B-56	35.3

为清晰地表达修复剂对受硫酸盐侵蚀混凝土抗压强度的改善作用,以提高率来评价修复剂的效果,提高率的含义为涂抹修复剂前后混凝土抗压强度之差与未涂抹修复剂试块抗压强度的比值。

(1) 侵蚀时间的影响

图 5-3 给出了侵蚀时间对修复剂改善受硫酸盐侵蚀混凝土抗压强度的影响。

从图 5-3 和表 5-7 可以看出,当静置时间和修复剂相同时,修复剂对受硫酸盐侵蚀混凝土抗压强度的改善作用随侵蚀时间的变化规律为:对侵蚀 90 d 混凝土抗压强度的改善效果最好,侵蚀 30 d 效果其次,侵蚀 60 d 效果最差。如侵蚀

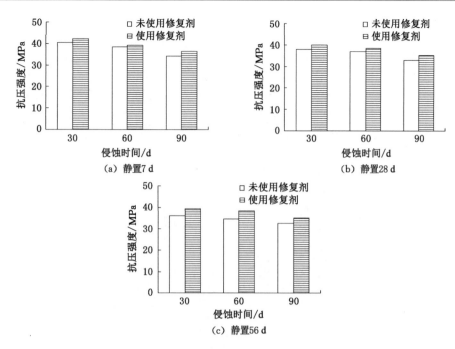

图 5-3　侵蚀时间对修复剂改善受硫酸盐侵蚀混凝土抗压强度的影响

30 d、60 d 和 90 d 混凝土静置 7 d 时，未涂抹修复剂试块的抗压强度为
39.6 MPa、38.4 MPa 和 34.2 MPa，涂抹修复剂的抗压强度为 42.3 MPa、
39.3 MPa 和 36.6 MPa，分别比未涂抹修复剂试块的抗压强度高出 6.82%、
2.34% 和 7.02%，修复剂对侵蚀 90 d 混凝土的抗压强度的提高率分别比侵蚀
30 d 和 60 d 的高出 1.20% 和 4.68%。

　　对侵蚀 60 d 混凝土抗压强度的改善作用最小是因为：侵蚀 60 d 时硫酸盐基
本充满混凝土内部，填补了混凝土本身存在的空洞和孔隙，提高了混凝土密实
度。涂抹修复剂时，一方面密实度的提高使得修复剂难以渗入；另一方面，硫酸
盐的填充及其与内部物质的反应，使可与渗入的修复剂反应的物质减少。对侵
蚀 90 d 和 30 d 混凝土的改善作用较好是因为：侵蚀 30 d 时硫酸根离子对混凝
土内部填充不够充分，即与侵蚀 60 d 混凝土相比，修复剂更易渗透；侵蚀 90 d 混
凝土在硫酸盐的侵蚀下结构破坏，内部出现微裂缝，微裂缝的出现为修复剂的渗
透提供了便利的条件，填充微裂缝，内部孔隙减少，密实度提高，故对侵蚀 90 d
混凝土的抗压强度的改善效果最好。

　　（2）静置时间的影响

　　图 5-4 给出了静置时间对修复剂改善受硫酸盐侵蚀混凝土抗压强度的

影响。

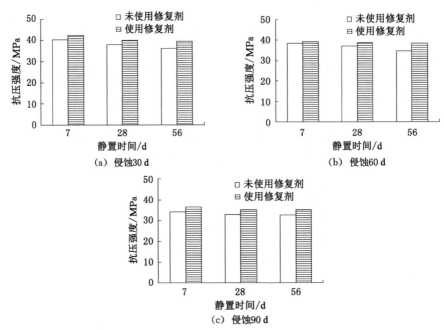

图 5-4　静置时间对修复剂改善硫酸盐侵蚀混凝土抗压强度的影响

由图 5-4 可知：① 涂抹修复剂后的受硫酸盐侵蚀 30 d 和 60 d 的混凝土的抗压强度随静置时间的变化趋势为先提高后降低，侵蚀时间为 90 d 的混凝土的抗压强度随静置时间的延长而下降；② 修复剂对侵蚀后混凝土抗压强度的改善作用随静置时间的延长而增强。

以侵蚀 30 d 混凝土为例，未涂抹修复剂试块静置 7 d、28 d 和 56 d 的抗压强度为 39.6 MPa、37.9 MPa 和 36.1 MPa，涂抹修复剂静置 7 d、28 d 和 56 d 的试块抗压强度为 41.3 MPa、39.0 MPa 和 39.4 MPa，涂抹修复剂试块的强度分别比未涂抹修复剂试块的强度高出 4.29%、2.90% 和 9.14%，静置 56 d 试块的抗压强度的提高率分别比静置 7 d 和 28 d 的高出 4.85% 和 6.24%；侵蚀 60 d 混凝土未涂抹修复剂试块静置 7 d、28 d 和 56 d 的抗压强度为 38.4 MPa、37.0 MPa 和 34.8 MPa，涂抹修复剂静置 7 d、28 d 和 56 d 的抗压强度为 39.3 MPa、38.6 MPa 和 38.4 MPa，涂抹修复剂试块的抗压强度分别比未涂抹修复剂试块的抗压强度高出 2.34%、4.32% 和 10.34%，修复剂对静置 56 d 试块的抗压强度的提高率比静置 7 d 和 28 d 的分别高出 8.00% 和 6.02%。

原因分析：随静置时间的延长，受硫酸盐侵蚀混凝土抗压强度逐渐降低，内部结构疏松,结构疏松为修复剂在混凝土内部的渗透提供了条件,静置时间越长,结构越疏松,渗入的修复剂越多,修复剂也越多,与内部反应的量就越多,混凝土强度提高得越多,故修复剂对受硫酸盐侵蚀混凝土抗压强度的改善作用随静置时间的延长而提高。

5.4 受硫酸盐侵蚀混凝土抗碳化性能改善研究

5.4.1 试验概况

（1）试验目的

通过受硫酸盐侵蚀混凝土抗碳化性能的改善试验,得出侵蚀时间、涂抹修复剂后静置时间对受硫酸盐侵蚀混凝土抗碳化性能的影响,以及修复剂对受硫酸盐侵蚀混凝土抗碳化性能的改善效果。

（2）试块的制作与分组

本试验考虑 3 个侵蚀时间（30 d、60 d 和 90 d）、3 个静置时间（7 d、28 d 和 56 d）、2 个修复剂用量（0 kg/m² 和 0.3 kg/m²）。试验考虑因素及试块分组分别同表 5-4 和表 5-5。

5.4.2 试验过程

按照表 2-2 配合比和表 5-5 制作 100 mm×100 mm×100 mm 标准立方体混凝土试块,养护 28 d 后,根据试验方案把试块放入硫酸钠溶液进行侵蚀,达到侵蚀时间后,根据《普通混凝土长期性能和耐久性能试验方法标准》（GB/T 50082—2009）,对试块进行加速碳化试验。试验步骤同 2.4.2.2 节。

5.4.3 试验结果与分析

5.4.3.1 受硫酸盐侵蚀混凝土抗碳化性能

表 5-8 给出了不同硫酸盐侵蚀时间后混凝土的碳化深度。

表 5-8　不同硫酸盐侵蚀时间后混凝土碳化深度

试块编号	碳化深度/mm	试块编号	碳化深度/mm	试块编号	碳化深度/mm
Q01	8.31	Q02	8.07	Q03	8.24
Q01-S	10.02	Q02-S	9.74	Q03-S	9.37
Q01-07	6.88	Q02-07	7.19	Q03-07	7.77

表5-8(续)

试块编号	碳化深度/mm	试块编号	碳化深度/mm	试块编号	碳化深度/mm
Q01-28	8.09	Q02-28	7.55	Q03-28	7.79
Q01-56	8.46	Q02-56	8.23	Q03-56	7.94

图 5-5 和图 5-6 分别给出了受硫酸盐侵蚀混凝土碳化深度随侵蚀时间和静置时间的变化趋势。图 5-5 中水养指水中养护,是与受硫酸钠溶液侵蚀试块进行对比的试块。图 5-6 中静置时间指从硫酸钠溶液中取出后在室内环境的自然养护时间。

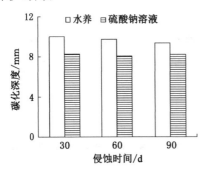

图 5-5 侵蚀时间对碳化深度的影响

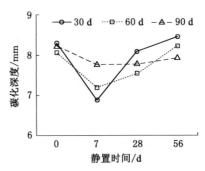

图 5-6 静置时间对碳化深度的影响

(1) 侵蚀时间的影响

由图 5-5 可知,加速碳化后不同侵蚀时间的受硫酸盐侵蚀混凝土的碳化深度不同。侵蚀 30 d 混凝土加速碳化后的碳化深度为 8.31 mm,比水养试块的碳化深度降低了 1.71 mm;侵蚀 60 d 的碳化深度为 8.07 mm,比水养试块的碳化深度降低了 1.67 mm;侵蚀 90 d 的碳化深度为 8.24 mm,比水养试块的碳化深度降低了 1.13 mm。

原因分析:侵蚀初期硫酸根离子从混凝土的细小裂缝与孔隙中渗入,填充内部缝隙,结构致密,对试块进行加速碳化试验时,碳化箱中的二氧化碳就难以渗入混凝土内部,故碳化深度减小;对于侵蚀 90 d 混凝土,由于硫酸盐侵蚀形成的钙矾石与石膏积累到一定的数量,产生膨胀应力,达混凝土抗拉极限,内部结构破坏,开始出现微裂缝,在加速碳化时,二氧化碳等气体通过微裂缝趁机进入试块内部,碳化深度加深。

(2) 静置时间的影响

从图 5-6 可以看出,受硫酸盐侵蚀混凝土的抗碳化性能随静置时间的变化趋势为先上升再下降。以侵蚀 30 d 混凝土为例,静置 7 d 时受硫酸盐侵蚀混凝土加速碳化后的碳化深度为 6.88 mm,比侵蚀后降低了 1.43 mm;静置 28 d 时碳化深度为 8.09 mm,比静置 7 d 时增加了 1.21 mm,静置 56 d 时碳化深度为 8.46 mm,比静置 7 d 时增加了 1.58 mm。

原因分析:在最初的静置时间里,侵蚀进入混凝土内部的硫酸盐离子仍在继续与混凝土内部的物质反应,填充内部孔隙,结构密实,混凝土抵抗二氧化碳侵入的能力增强。随静置时间的延长,无硫酸盐离子渗入试块,已渗入的硫酸根离子也与混凝土内部物质反应完毕,其生成物体积膨胀,产生应力,试块内部出现裂缝,结构破坏,二氧化碳气体通过裂缝进入混凝土内部,碳化深度加深。

5.4.3.2　涂抹修复剂后受硫酸盐侵蚀混凝土抗碳化性能

表 5-9 给出了涂抹修复剂后受硫酸盐侵蚀混凝土的碳化深度。

表 5-9　涂抹修复剂后受硫酸盐侵蚀混凝土的碳化深度

试块编号	碳化深度/mm	试块编号	碳化深度/mm	试块编号	碳化深度/mm
Q01-B-07	6.30	Q02-B-07	6.83	Q03-B-07	6.87
Q01-B-28	7.24	Q02-B-28	7.15	Q03-B-28	6.66
Q01-B-56	7.45	Q02-B-56	7.78	Q03-B-56	6.73

为表达修复剂对受硫酸盐侵蚀混凝土抗碳化性能的改善效果,以降低率作为评价指标,降低率指涂抹修复剂前后混凝土碳化深度之差与未涂抹修复剂试块碳化深度的比值。

(1) 侵蚀时间的影响

图 5-7 给出了侵蚀时间对受硫酸盐侵蚀混凝土碳化性能恢复的影响。

由图 5-7 可知,修复剂对受硫酸盐侵蚀混凝土抗碳化性能的改善效果随侵蚀时间的变化趋势为:对侵蚀 90 d 混凝土的抗碳化性能的改善效果最好,侵蚀 30 d 效果其次,侵蚀 60 d 效果最差。

由表 5-8 和表 5-9 可知,侵蚀 30 d、60 d 和 90 d 混凝土静置 7 d 加速碳化后,未涂抹修复剂试块的碳化深度为 6.88 mm、7.19 mm 和 7.77 mm,涂抹修复剂试块的碳化深度为 6.30 mm、6.83 mm 和 6.87 mm,涂抹修复剂试块的碳化深度分别比未涂抹修复剂试块的降低了 8.43%、5.01% 和 11.58%,修复剂对侵蚀 90 d 混凝土的碳化深度的降低率分别比侵蚀 30 d 和 60 d 的高出 3.15% 和 6.57%。

对侵蚀 60 d 混凝土抗碳化性能的改善效果最差是因为:侵蚀 60 d 时硫酸盐基本充满混凝土内部,填补了混凝土本身存在的空洞和孔隙,提高了混凝土密实度,涂抹修复剂时,一方面密实度的提高使得修复剂难以渗入,另一方面硫酸盐

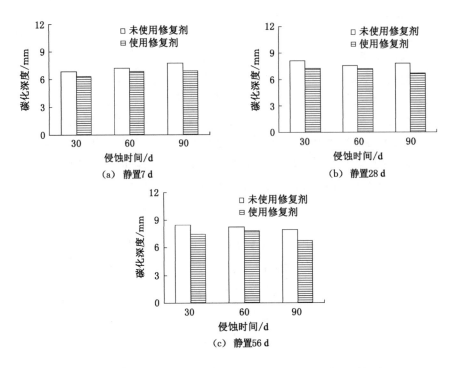

图 5-7　侵蚀时间对受硫酸盐侵蚀混凝土碳化性能恢复的影响

的填充及其与内部物质的反应,使可与渗入的修复剂反应的物质减少。对侵蚀90 d 和 30 d 混凝土抗碳化性能的改善作用较好是因为:侵蚀 30 d 时硫酸根离子对混凝土内部填充不够充分,即与侵蚀 60 d 混凝土相比,修复剂更易渗透;侵蚀 90 d 时混凝土在硫酸盐的侵蚀下结构破坏,内部出现微裂缝,这为修复剂的渗透提供了便利的条件,此时微裂缝被修复剂填充,试块内部孔隙减少,密实度提高,故对侵蚀 90 d 混凝土的抗碳化性能的改善作用最好。

(2)静置时间的影响

图 5-8 给出了静置时间对受硫酸盐侵蚀混凝土碳化性能恢复的影响。

由图 5-8 可知,修复剂对受硫酸盐侵蚀混凝土抗碳化性能的改善作用随静置时间的增长而趋于平稳。

由表 5-8 和表 5-9 可知,侵蚀 30 d 混凝土静置 7 d、28 d 和 56 d 的未使用修复剂试块加速碳化后的碳化深度为 6.88 mm、8.09 mm 和 8.46 mm,涂抹修复剂试块静置 7 d、28 d 和 56 d 加速碳化后的碳化深度为 6.30 mm、7.24 mm 和 7.45 mm,涂抹修复剂试块的碳化深度分别比未涂抹修复剂试块的降低了 8.43%、10.51% 和 11.94%。对于侵蚀 60 d 的混凝土,未涂抹修复剂试块静置

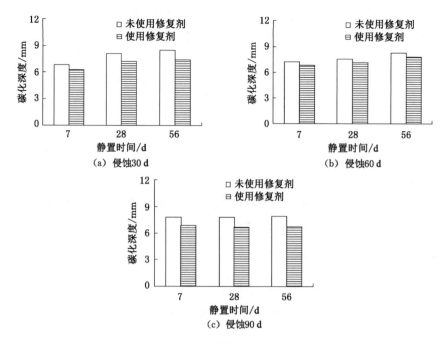

图 5-8 静置时间对修复剂改善硫酸盐侵蚀混凝土碳化性能恢复的影响

7 d、28 d 和 56 d 加速碳化后的碳化深度为 7.19 mm、7.55 mm 和 8.23 mm,涂抹修复剂试块的碳化深度为 6.83 mm、7.15 mm 和 7.78 mm,涂抹修复剂试块的碳化深度分别比未涂抹修复剂试块的降低了 5.01%、5.30% 和 5.47%。

原因分析:修复剂对受硫酸盐侵蚀混凝土抗碳化性能的促进作用主要体现在修复剂可以在混凝土表面形成类似保护膜的东西,这层类似保护膜的结构阻止外界对混凝土的侵蚀,提高了其抵抗外界侵蚀的能力。随静置时间的增长,混凝土表面的修复剂挥发使得修复剂量减少,同时随静置时间延长,混凝土结构疏松,裂缝增多,为二氧化碳的侵入提供条件,故在涂抹修复剂前期混凝土抗碳化性能的改善作用最好,随后修复剂的改善效果开始趋于平缓。

5.5 受硫酸盐侵蚀混凝土抗渗透性能改善研究

5.5.1 试验设计

(1)试验目的

通过受硫酸盐侵蚀混凝土抗渗透性能改善试验,得出不同侵蚀时间、不同修复剂用量及涂抹修复剂后不同静置时间下受硫酸盐侵蚀混凝土抗渗透性能的变化规律,得出以上因素对修复剂改善混凝土渗透性能作用的影响并分析变化规律。

(2) 试块的制作与分组

本试验考虑 3 个侵蚀时间(30 d、60 d、90 d)、3 个静置时间(7 d、28 d、56 d)、2 个修复剂用量(0 kg/m²、0.3 kg/m²),试验考虑因素和试块分组分别见表 5-4 和表 5-5。

5.5.2 试验过程

按照表 2-2 配合比和表 5-5 试块分组表,制作 φ100 mm×50 mm 混凝土圆饼状试块,养护 28 d 后,根据试验方案把试块放入硫酸钠溶液进行侵蚀,达到侵蚀时间后,对试块进行氯离子渗透试验。试验步骤同 2.5.2.2 节。

5.5.3 试验结果与分析

5.5.3.1 受硫酸盐侵蚀混凝土抗渗透性能

表 5-10 给出了受硫酸盐侵蚀混凝土的氯离子渗透系数。

表 5-10 受硫酸盐侵蚀混凝土氯离子渗透系数

试块编号	氯离子渗透系数 /(10^{-12} m²/s)	试块编号	氯离子渗透系数 /(10^{-12} m²/s)	试块编号	氯离子渗透系数 /(10^{-12} m²/s)
Q01	4.06	Q02	3.26	Q03	3.99
Q01-S	4.75	Q02-S	3.82	Q03-S	3.49
Q01-07	3.74	Q02-07	3.00	Q03-07	4.71
Q01-28	4.46	Q02-28	3.19	Q03-28	4.99
Q01-56	4.63	Q02-56	3.41	Q03-56	5.17

图 5-9 和图 5-10 分别给出了受硫酸盐侵蚀混凝土氯离子渗透系数随侵蚀时间和静置时间的变化趋势。

(1) 侵蚀时间的影响

由图 5-9 可知,混凝土经硫酸钠溶液侵蚀后,侵蚀 30 d 和 60 d 后混凝土抗渗透性能增强,侵蚀 90 d 后抗渗透性能下降。

由表 5-10 和图 5-9 可以看出,水养 30 d 混凝土的氯离子渗透系数为 4.75×10^{-12} m²/s,受硫酸盐溶液侵蚀 30 d 混凝土的氯离子渗透系数为 4.06×10^{-12} m²/s,受硫酸盐侵蚀混凝土的氯离子渗透系数比水养的降低了 14.53%;侵蚀 60 d 的氯离子渗透系数为 3.26×10^{-12} m²/s,比水养 60 d 的氯离子渗透

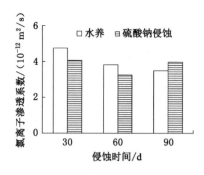

图 5-9　侵蚀时间对渗透系数的影响

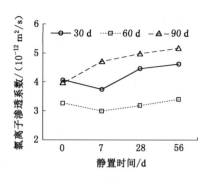

图 5-10　静置时间对渗透系数的影响

系数 3.82×10^{-12} m²/s 降低了 14.66%;侵蚀 90 d 混凝土的氯离子渗透系数为 3.99×10^{-12} m²/s,比水养 90 d 的氯离子渗透系数 3.49×10^{-12} m²/s 提高了 14.33%。

原因分析:硫酸盐侵蚀初期,硫酸根离子从混凝土的细小裂缝与孔隙中渗入,与内部物质发生反应,产生的生成物填充缝隙,混凝土结构变得致密,抵抗氯离子渗透能力增强,故渗透系数降低;随侵蚀时间的延长,侵蚀进入的硫酸根离子与内部物质反应形成的钙矾石与石膏逐渐积累,当积累到一定的数量时,体积膨胀,产生膨胀应力,导致试件内部出现微裂缝,微裂缝的出现为氯离子渗透提供了条件,故侵蚀 90 d 后混凝土氯离子渗透系数升高。

（2）静置时间的影响

由图 5-10 可知,侵蚀 30 d 和 60 d 的混凝土抗渗透性能随静置时间的变化趋势为先上升再下降,侵蚀 90 d 的抗渗透性能随静置时间的延长而降低。

由表 5-10 和图 5-10 可知,侵蚀 30 d 混凝土静置 7 d 的氯离子渗透系数为 3.74×10^{-12} m²/s,比侵蚀 30 d 的氯离子渗透系数降低了 7.88%;静置 28 d 的氯离子渗透系数为 4.46×10^{-12} m²/s,比侵蚀 30 d 的氯离子渗透系数提高了 9.85%;静置 56 d 的氯离子渗透系数为 4.63×10^{-12} m²/s,比侵蚀 30 d 的氯离子渗透系数提高了 14.04%。侵蚀 90 d 混凝土静置 7 d 的氯离子渗透系数为 4.71×10^{-12} m²/s,比侵蚀 90 d 的氯离子渗透系数提高了 18.05%;静置 28 d 的氯离子渗透系数为 4.99×10^{-12} m²/s,比侵蚀 90 d 的氯离子渗透系数提高了 25.06%;静置 56 d 的氯离子渗透系数为 5.17×10^{-12} m²/s,比侵蚀 90 d 的氯离子渗透系数提高了 29.57%。

原因分析:静置初期,侵蚀进入的硫酸盐离子继续与内部的物质反应,生成物填充内部孔隙,混凝土结构密实度增强,可以较好地抵抗氯离子的渗透;随静置时间的延长,无硫酸盐离子渗入试块,且已渗入的硫酸根离子与内部物质反应完毕,其生成物体积膨胀,产生的应力导致混凝土内部出现裂缝,结构破坏,故抗渗透性能开始下降。对于侵蚀90 d的混凝土,在侵蚀期间渗透性能已呈现下降趋势,即混凝土结构已受到破坏,微裂缝开始出现并变深变宽,静置时这种破坏作用增强,故抗渗透性能一直下降。

5.5.3.2 涂抹修复剂后受硫酸盐侵蚀混凝土抗渗透性能

表 5-11 给出了涂抹修复剂后受硫酸盐侵蚀混凝土的氯离子渗透系数。

表 5-11 涂抹修复剂后受硫酸盐侵蚀混凝土氯离子渗透系数

试块编号	氯离子渗透系数/(10^{-12} m²/s)	试块编号	氯离子渗透系数/(10^{-12} m²/s)	试块编号	氯离子渗透系数/(10^{-12} m²/s)
Q01-B-07	2.75	Q02-B-07	2.39	Q03-B-07	3.28
Q01-B-28	3.17	Q02-B-28	2.52	Q03-B-28	3.34
Q01-B-56	3.10	Q02-B-56	2.61	Q03-B-56	3.39

（1）侵蚀时间的影响

图 5-11 给出了侵蚀时间对受硫酸盐侵蚀混凝土抗渗透性能改善效果的影响。

由表 5-10 和图 5-11 可以看出,侵蚀时间对受硫酸盐侵蚀混凝土抗渗透性能的影响规律为:对侵蚀90 d混凝土的抗渗透性能的改善效果最好,侵蚀30 d混凝土其次,侵蚀60 d混凝土效果最差。

由表 5-10、表 5-11 和图 5-11 可知,侵蚀30 d、60 d和90 d混凝土静置7 d时,未涂抹修复剂试块的氯离子渗透系数为 3.74×10^{-12} m²/s、3.00×10^{-12} m²/s 和 4.71×10^{-12} m²/s,涂抹修复剂试块的氯离子渗透系数为 2.75×10^{-12} m²/s、2.39×10^{-12} m²/s 和 3.28×10^{-12} m²/s,涂抹修复剂试块的氯离子渗透系数分别比未涂抹修复剂试块的降低了 26.47%、20.33%和30.36%,修复剂对侵蚀90 d混凝土的氯离子渗透系数的降低率分别比侵蚀30 d和60 d的高出 3.89%和10.03%。

对侵蚀60 d混凝土抗渗透性能的改善效果最差是因为:侵蚀60 d时硫酸盐基本充满混凝土内部,填补了混凝土本身存在的空洞和孔隙,提高了混凝土密实度,涂抹修复剂时,一方面密实度的提高使得修复剂难以渗入,另一方面硫酸盐的填充及其与内部物质的反应,使可与渗入的修复剂反应的物质减少。对侵蚀90 d和30 d混凝土的改善作用较好是因为:侵蚀30 d时硫酸根离子对混凝土内部填充不够充分,即与侵蚀60 d混凝土相比,修复剂更易渗透;侵蚀90 d时混凝土在硫酸盐的侵蚀下结构破坏,内部出现微裂缝,这为修复剂的渗透提供了便

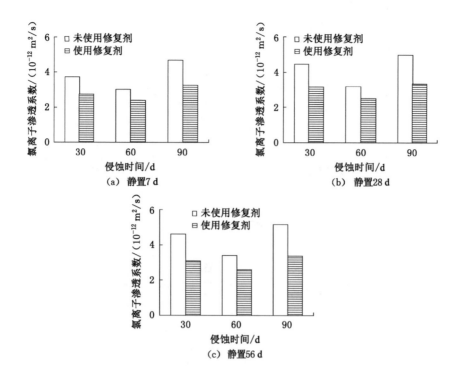

图 5-11　侵蚀时间对修复剂改善受硫酸盐侵蚀混凝土抗渗透性能的影响

利的条件,此时修复剂填充微裂缝,内部孔隙减少,密实度提高,故对侵蚀 90 d 混凝土的抗渗透性能的改善作用最好。

（2）静置时间的影响

图 5-12 给出了静置时间对受硫酸盐侵蚀混凝土抗渗透性能改善效果的影响。

由图 5-12 可知:① 静置时间越长,受硫酸盐侵蚀混凝土的渗透系数越大,抗渗透性能越差;② 修复剂对受硫酸盐侵蚀混凝土抗渗透性能的改善作用随静置时间的增长而增强。

侵蚀 30 d 混凝土静置 7 d、28 d 和 56 d 的氯离子渗透系数为 3.74×10^{-12} m^2/s、4.46×10^{-12} m^2/s 和 4.63×10^{-12} m^2/s,涂抹修复剂试块静置 7 d、28 d 和 56 d 的氯离子渗透系数分别为 2.75×10^{-12} m^2/s、3.17×10^{-12} m^2/s 和 3.10×10^{-12} m^2/s,涂抹修复剂试块的氯离子渗透系数分别比未涂抹修复剂的降低了 26.47%、28.92% 和 33.05%。

侵蚀 60 d 混凝土静置 7 d、28 d 和 56 d 的氯离子渗透系数为 $3.00 \times$

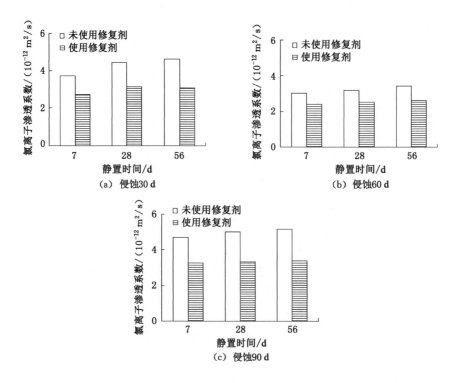

图 5-12　静置时间对受硫酸盐侵蚀混凝土抗渗透性能改善效果的影响

10^{-12} m²/s、3.19×10^{-12} m²/s 和 3.41×10^{-12} m²/s,涂抹修复剂后静置 7 d、28 d 和 56 d 的氯离子渗透系数分别为 2.39×10^{-12} m²/s、2.52×10^{-12} m²/s 和 2.61×10^{-12} m²/s,涂抹修复剂试块的氯离子渗透系数分别比未涂抹修复剂的降低了 20.33%、21.00% 和 23.46%。

侵蚀 90 d 混凝土静置 7 d、28 d 和 56 d 的氯离子渗透系数为 4.71×10^{-12} m²/s、4.99×10^{-12} m²/s 和 5.17×10^{-12} m²/s,涂抹修复剂后静置 7 d、28 d 和 56 d 的氯离子渗透系数分别为 3.28×10^{-12} m²/s、3.34×10^{-12} m²/s 和 3.39×10^{-12} m²/s,涂抹修复剂试块的氯离子渗透系数分别比未涂抹修复剂试块的降低了 30.36%、33.07% 和 34.43%。

原因分析:修复剂对受硫酸盐侵蚀混凝土抗渗透性能的改善作用主要体现在:一是修复剂可以在混凝土表面形成类似保护膜的东西,这层类似保护膜的结构阻止了外界对混凝土的侵蚀,提高了其抵抗外界侵蚀的能力;二是渗透进混凝土内部的修复剂填充内部空隙,提高了混凝土的密实度,降低了孔隙率,故随静置时间的增长,修复剂对受硫酸盐侵蚀混凝土的抗渗透性能的提高作用增强。

5.6　修复剂改善受硫酸盐侵蚀混凝土性能的机理研究

5.6.1　试验设计

5.6.1.1　试验目的

该部分试验主要进行了修复剂改善受硫酸盐侵蚀混凝土性能的微观机理研究，通过扫描电镜（SEM）、X 射线荧光光谱仪（XRF）和 X 射线衍射分析仪（XRD）等现代分析仪器，从微观形态、成分分析等方面对修复剂的改善作用进行研究，得出相应的促进机理。

5.6.1.2　试块制作与分组

试块制作及试验同 2.6.1.2 节。

本试验的试验样品共 6 份：分别取自侵蚀 60 d 混凝土、侵蚀 60 d 后静置 28 d 混凝土、侵蚀 60 d 涂抹修复剂后静置 28 d 混凝土、侵蚀 90 d 混凝土、侵蚀 90 d 后静置 28 d 混凝土、侵蚀 90 d 涂抹修复剂后静置 28 d 混凝土。

5.6.2　试验结果分析

5.6.2.1　扫描电镜（SEM）结果及分析

图 5-13 给出了受硫酸盐侵蚀混凝土不同情况下试样的扫描电镜照片。

从图 5-13 可以明显看出，受硫酸盐侵蚀混凝土的微观形态与未受硫酸盐侵蚀混凝土存在很大的差异。从图 5-13(a)、(b)和(g)、(h)可以看出，受硫酸盐侵蚀 60 d 混凝土表面比较密实，且受硫酸盐侵蚀 60 d 和 90 d 混凝土的内部出现了针状物质，这是由于侵蚀进入的硫酸根离子与混凝土内部的水化产物水化铝酸钙发生反应生成了结晶水化硫铝酸钙，即 AFt。侵蚀 90 d 混凝土内部的针状物质较多且结构较密实，即侵蚀 90 d 混凝土内部生成了大量的钙矾石，由于钙矾石具有膨胀性，使得混凝土体积增大，内部出现裂缝，从而导致侵蚀 90 d 混凝土的性能有所降低。

对比图 5-13(c)、(d)和(i)、(j)可以明显看出，受硫酸盐侵蚀混凝土静置至 28 d 时，侵蚀 90 d 混凝土内部出现了明显的裂缝，这也证实了侵蚀 90 d 混凝土随静置时间的延长，钙矾石对混凝土的膨胀作用，使得混凝土出现较大裂缝，性能持续降低。而侵蚀 60 d 混凝土内部出现了大量的纤维状物质，说明静置时侵蚀 60 d 混凝土内部的硫酸根离子继续与混凝土内部的水化产物反应生成钙矾石。

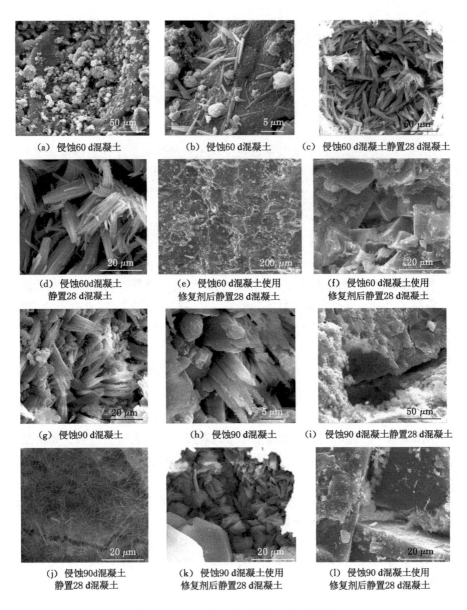

(a) 侵蚀60 d混凝土　　　　(b) 侵蚀60 d混凝土　　(c) 侵蚀60 d混凝土静置28 d混凝土

(d) 侵蚀60 d混凝土　　　　(e) 侵蚀60 d混凝土使用　　(f) 侵蚀60 d混凝土使用
　静置28 d混凝土　　　　　修复剂后静置28 d混凝土　　修复剂后静置28 d混凝土

(g) 侵蚀90 d混凝土　　　　(h) 侵蚀90 d混凝土　　(i) 侵蚀90 d混凝土静置28 d混凝土

(j) 侵蚀90 d混凝土　　　　(k) 侵蚀90 d混凝土使用　　(l) 侵蚀90 d混凝土使用
　静置28 d混凝土　　　　　修复剂后静置28 d混凝土　　修复剂后静置28 d混凝土

图 5-13　受硫酸盐侵蚀混凝土微观形貌

　　对比图 5-13(c)、(d)和(e)、(f)，(i)、(j)和(k)、(l)可以明显看出，使用和未使用修复剂试块的微观结构有较大的差异，但是仔细观察可以发现使用修复剂试块的内部均出现了片状物质和针状物质，且使用修复剂的侵蚀 90 d 试块的内部的针状物质更多，这也证实了修复剂对侵蚀 90 d 混凝土性能的改善作用最好的结论。

5.6.2.2 XRF 结果及分析

表 5-12 给出了侵蚀 60 d 混凝土(A)、侵蚀 60 d 后静置 28 d 混凝土(B)、侵蚀 60 d 涂抹修复剂后静置 28 d 混凝土(C)和侵蚀 90 d 混凝土(D)的 XRF 检测结果。

表 5-12 样品 XRF 检测结果

分子式	Z	A		B		C		D	
		含量/%	净强度	含量/%	净强度	含量/%	净强度	含量/%	净强度
Al_2O_3	13	7.01	48.18	6.36	56.95	6.05	54.12	6.87	47.5
CaO	20	30.44	599.8	31.96	819	29.48	747.6	27.64	535.6
Cl	17	0.076 4	1.711	0.058 6	1.73	0.046	1.328	—	—
CO_3	6	27.6	基体	27.3	基体	26.8	基体	27.6	基体
Fe_2O_3	26	2.262	128.2	2.147	159.7	2.009	154.6	2.053	120.6
K_2O	19	1.11	25.22	1.02	30.6	1.06	31.21	1.2	26.52
MgO	12	2.4	21.36	2.58	28.13	2.55	27.76	2.34	20.99
Mn	25	0.044 8	2.631	0.046 1	3.501	0.040 7	3.201	0.037 7	20 295
Na_2O	11	2.03	7.23	2.5	11.06	3.4	15.5	2.33	8.432
P	15	0.042	0.814 7	0.031	0.809 2	0.026	0.669 3	0.031	0.605 1
S	16	1.43	53.3	1.48	72.72	1.73	82.97	2.18	79.47
SiO_2	14	25.21	187.5	24.16	237	26.49	259.5	27.33	203.7
Sr	38	0.048 8	36.24	0.050 4	45.61	0.040 3	37.98	0.044 9	34.84
TiO_2	22	0.308	3.765	0.289	4.586	0.262	4.287	0.277	3.5

从表中可以明确看出,四个混凝土样品中所含元素基本相同。针对各元素含量的多少,本节对样品中的主要物质进行分析:Al_2O_3、CaO、Fe_2O_3、K_2O、MgO、SiO_2、Na_2O、S。含氧化合物中非氧元素的相对含量可以通过分子量的组成比例求出,如表 5-13 所示。

表 5-13 主要元素含量表

分子式	Z	A		B		C		D	
		含量/%	净强度	含量/%	净强度	含量/%	净强度	含量/%	净强度
Al	13	3.711	48.18	3.367	56.95	3.203	54.12	3.637	47.5
Ca	20	21.743	599.8	22.829	819	21.057	747.6	19.743	535.6

表5-13(续)

分子式	Z	A		B		C		D	
		含量/%	净强度	含量/%	净强度	含量/%	净强度	含量/%	净强度
Fe	26	1.583	128.2	1.503	256	1.406	154.6	1.437	120.6
K	19	0.921	25.22	0.846	36.04	0.880	31.21	0.996	26.52
Mg	12	1.440	21.36	1.548	23.28	1.530	27.76	1.404	20.99
Na	11	1.506	7.23	1.855	2.741	2.523	15.5	1.729	8.432
S	16	1.43	53.3	1.48	72.72	1.73	82.97	2.18	79.47
Si	14	11.765	187.5	11.275	237	12.362	259.5	12.754	203.7

图 5-14 给出了样品中主要元素含量情况,图中样品 A 是 28 d 混凝土、B 是侵蚀 60 d 混凝土、C 是侵蚀 60 d 后静置 28 d 混凝土、D 是侵蚀 60 d 涂抹修复剂后静置 28 d 混凝土、E 是侵蚀 90 d 混凝土。

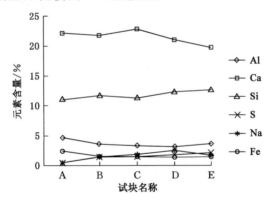

图 5-14　样品中主要元素含量

从图 5-14 和表 5-12、表 5-13 可以明显看出,未受磷酸盐侵蚀混凝土中 Na 的含量仅占 0.2%～0.4%,S 的含量仅占 0.4%～0.6%,而受硫酸盐侵蚀后的混凝土中,Na 和 S 的含量却达到了 1.5%～1.8% 和 1.4%～2.2%,含量是未受硫酸盐侵蚀混凝土的 5 到 8 倍,由此可以明显证明,混凝土受硫酸盐侵蚀过程中有大量的 Na 和 S 元素侵蚀进入了混凝土。

从图 5-14 和表 5-12、表 5-13 可以明显看出,涂抹修复剂前后混凝土样品中主要元素含量基本相同,没有较大变化,即使用与未使用修复剂试块所含元素种类并没有发生变化。由此可知,修复剂对受硫酸盐侵蚀混凝土性能的改善并不是通过产生新的物质来实现的,而是通过促进混凝土自身反应或提高其密实度来实现的。

5.6.2.3　XRD 结果及分析

由 XRF 结果可知,涂抹修复剂前后混凝土内元素种类及含量基本不变。为了进一步得出使用修复剂前后混凝土内部物相的变化趋势,本书进行了 XRD 试验。

图 5-15(a)～(d)分别给出了受硫酸盐侵蚀 60 d 混凝土、受硫酸盐侵蚀 90 d 混凝土、受硫酸盐侵蚀 90 d 混凝土静置 28 d、受硫酸盐侵蚀 90 d 混凝土使用修复剂后静置 28 d 的 XRD 图。

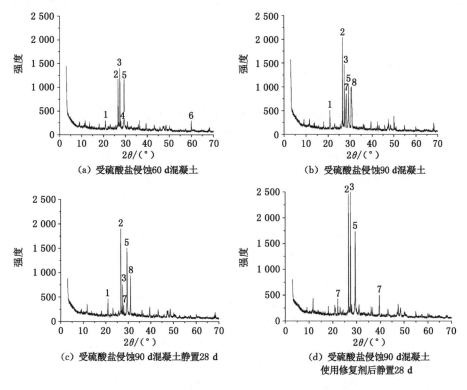

（a）受硫酸盐侵蚀60 d混凝土
（b）受硫酸盐侵蚀90 d混凝土
（c）受硫酸盐侵蚀90 d混凝土静置28 d
（d）受硫酸盐侵蚀90 d混凝土
使用修复剂后静置28 d

1—生石膏;2—$CaSiO_4 \cdot H_2O$;3—$CaSiO_4$;4—$CaSO_4 \cdot 2H_2O$;
5—$CaCO_3$;6—$Ca_5Si_2O_8CO_3$;7—$Ca_2Si_3(OH)_2$;8—$Ca_3Al_2(OH)_2$。

图 5-15　混凝土 XRD 图

从图 5-15 可以看出,受硫酸盐侵蚀后,混凝土内部均有新的物质生成。如侵蚀 60 d 混凝土内部出现了生石膏、$CaSiO_4 \cdot H_2O$、$CaSiO_4$、$CaSO_4 \cdot 2H_2O$,受侵蚀 90 d 混凝土内部出现了生石膏、$CaSiO_4 \cdot H_2O$、$CaSiO_4$、$Ca_2Si_3(OH)_2$ 和 $Ca_3Al_2(OH)_2$。对比可知,侵蚀 90 d 混凝土内部新物质比侵蚀 60 d 混凝土多

出了 $Ca_2Si_3(OH)_2$ 和 $Ca_3Al_2(OH)_2$ 两种物质,也就是说侵蚀 60 d 和侵蚀 90 d 混凝土内部发生了不同的物质反应。

对比图 5-15(b)和(c)可以发现,静置一段时间后,侵蚀 90 d 混凝土内部物质出现了不同程度的减少,这从混凝土内部物质的角度解释了 SEM 照片中静置 28 d 后混凝土内部出现了大量裂缝的现象。

对比图 5-15(c)和(d)可以发现,涂抹修复剂后,混凝土内 $CaSiO_4 \cdot H_2O$、$CaSiO_4$ 的含量得到了不同程度的提高,且都超过了侵蚀 60 d 和 90 d 以及静置后混凝土的含量,而物质 $Ca_3Al_2(OH)_2$ 含量基本为零。故对于涂抹修复剂的试块,修复剂的出现促进了受硫酸盐侵蚀混凝土内部物质的反应,而具体的物质反应过程还需要得到进一步的研究。

5.7　本章小结

(1) 不同修复剂及用量对受硫酸盐侵蚀混凝土性能的改善效果不同,B 型修复剂对受硫酸盐侵蚀混凝土性能的改善效果最好。受硫酸盐侵蚀 30 d 混凝土静置 7 d 时,表面涂抹 0.3 kg/m² 和 0.6 kg/m² L 型修复剂和 0.3 kg/m² B 型修复剂试块的抗压强度分别比未涂抹修复剂试块的抗压强度提高了 0.99%、2.48% 和 4.70%,B 型修复剂对受硫酸盐侵蚀混凝土抗压强度的改善效果比 L 型的高出 3%～5%。

(2) 受硫酸盐侵蚀混凝土抗压强度随侵蚀时间的延长先升高后降低,侵蚀 30 d 和 60 d 的混凝土的抗压强度高于水养试块的抗压强度,侵蚀 90 d 混凝土的抗压强度低于水养试块的抗压强度。如侵蚀 30 d 的混凝土的抗压强度提高了 2.92%;侵蚀 60 d 时抗压强度提高了 1.75%;侵蚀 90 d 时抗压强度降低了 3.51%。侵蚀后的混凝土的抗压强度随静置时间的延长先提高再下降,如侵蚀 30 d 混凝土,静置 7 d 时抗压强度提高了 15.79%,静置 28 d 的比静置 7 d 的降低了 4.29%,静置 56 d 的比静置 7 d 的降低了 8.59%。

(3) 表面涂抹修复剂可以改善提高受硫酸盐侵蚀混凝土的抗压强度,修复剂的改善作用随涂抹修复剂后静置时间的变化规律为:静置时间越久,改善作用越明显,如侵蚀 60 d 混凝土涂抹修复剂试块抗压强度比未涂抹修复剂试块的抗压强度提高 2.34%、4.32% 和 10.34%,修复剂对静置 56 d 试块的抗压强度的提高率比静置 7 d 和 28 d 的分别高出 8.00% 和 6.02%。

(4) 修复剂对受硫酸盐侵蚀混凝土抗压强度的改善效果随侵蚀时间的变化规律为:对侵蚀 90 d 混凝土的抗压强度的改善作用最好,对侵蚀 30 d 的改善作用其次,对侵蚀 60 d 的改善作用最差。如侵蚀 30 d、60 d 和 90 d 混凝土静置

7 d时,涂抹修复剂试块抗压强度分别比未涂抹修复剂试块的提高了 6.82％、2.34％和7.02％,修复剂对侵蚀 90 d 混凝土的抗压强度的提高率分别比侵蚀 30 d 和 60 d 的高出 0.20％和 4.68％。

(5) 受硫酸盐侵蚀混凝土的抗碳化性能随侵蚀时间的延长的变化规律为:侵蚀 30 d 和 60 d 混凝土的抗碳化性能升高,侵蚀 90 d 混凝土的抗碳化性能下降;侵蚀后混凝土抗碳化性能随静置时间的变化趋势为先升高再下降,如侵蚀 30 d 混凝土静置 7 d 时加速碳化后的碳化深度比侵蚀后降低了 1.43 mm,静置 28 d 时碳化深度比静置 7 d 时增加了 1.21 mm,静置 56 d 时比静置 7 d 时增加了 1.58 mm。

(6) 受硫酸盐侵蚀混凝土抗碳化性能的改善效果随侵蚀时间和涂抹修复剂后静置时间的变化而变化。对侵蚀 90 d 混凝土的抗碳化性能的改善效果最好,对侵蚀 30 d 的改善效果其次,对侵蚀 60 d 的改善效果最差,修复剂对侵蚀 90 d 混凝土的碳化深度的降低率分别比侵蚀 30 d 和 60 d 的高出 3.15％和 6.57％;随静置时间的增长,改善作用趋于平稳。如侵蚀 60 d 的混凝土,涂抹修复剂后静置 7 d、28 d 和 56 d 的碳化深度比未涂抹修复剂试块的降低了 5.01％、5.30％和 5.47％。

(7) 受硫酸盐侵蚀 30 d 和 60 d 的混凝土的抗渗透性能提高,侵蚀 90 d 的抗渗透性能降低;侵蚀 30 d 和 60 d 混凝土的抗渗透性能随静置时间的变化趋势为先升高后下降,侵蚀 90 d 混凝土的抗渗透性能随静置时间延长而下降。

(8) 修复剂对受硫酸盐侵蚀混凝土抗渗透性能的改善作用随侵蚀时间和侵蚀后静置时间的变化而变化。修复剂对侵蚀 90 d 混凝土的抗渗透性能的改善效果最好,对侵蚀 30 d 的改善效果其次,对侵蚀 60 d 的改善效果最差,侵蚀 30 d、60 d 和 90 d 混凝土静置 7 d 时,修复剂对侵蚀 90 d 混凝土的氯离子渗透系数的降低率分别比侵蚀 30 d 和 60 d 的高出 3.89％和 10.03％;随静置时间的延长,改善作用逐渐增强,侵蚀 30 d 混凝土静置 7 d、28 d 和 56 d 时,涂抹修复剂试块的氯离子渗透系数比未涂抹修复剂的降低了 26.47％、28.92％和 33.05％,修复剂对静置 56 d 混凝土氯离子渗透系数的降低率比静置 7 d 和 28 d 的高出 6.58％和 4.13％。

(9) 使用修复剂后,受硫酸盐侵蚀混凝土的性能得到了一定的改善与促进,从微观来讲,涂抹修复剂后混凝土表层的密实度得到了提高,且修复剂促进了混凝土内部物质的反应,从而改善提高受硫酸盐侵蚀混凝土的性能。

6 结论与展望

6.1 主要结论

本书通过低强混凝土性能促进提高试验、早龄期及 28 d 混凝土高温后性能恢复试验和受硫酸盐侵蚀混凝土性能改善试验,得出了强度等级、龄期、修复剂用量以及静置时间对修复剂促进改善低强混凝土性能的影响规律;探讨了高温温度、高温时试块龄期、冷却方式和高温后静置时间点对高温后混凝土性能的影响,并对修复剂改善混凝土高温后性能的影响规律进行了总结;分析了侵蚀时间和静置时间对受硫酸盐侵蚀混凝土性能的影响,探究了侵蚀时间和静置时间对修复剂改善受硫酸盐侵蚀混凝土性能的影响规律。为改善或恢复低强混凝土、高温后混凝土以及受硫酸盐侵蚀混凝土性能提供了一定的依据。

6.1.1 低强混凝土性能促进研究

(1) 涂抹修复剂可提高低强混凝土的抗压强度。在早龄期和 28 d 混凝土表面涂抹修复剂静置一段时间后的抗压强度明显高出未涂抹修复剂试块的抗压强度,且抗压强度提高百分比随修复剂用量的增加而增强。早期涂抹时,不同时间涂抹静置至 28 d 时抗压强度基本一致,即涂抹时间对修复剂的促进作用没有较大影响;28 d 涂抹时,修复剂的促进作用随静置时间的增长而呈下降趋势。对 C18 混凝土而言,在 28 d 混凝土表面涂抹 0.3 kg/m² 修复剂静置 7 d、14 d 和 28 d 时抗压强度分别比未涂抹修复剂试块的高出 26.63%、16.87% 和 16.72%;用量为 0.6 kg/m² 时,分别比未涂抹修复剂试块的高出 33.15%、20.24% 和 27.15%;静置时间一致时,用量为 0.6 kg/m² 试块的抗压强度比用量为 0.3 kg/m² 的高 5%~10%。

(2) 修复剂对低强混凝土弹性模量的促进作用随修复剂涂抹时间和修复剂用量的增长而增长。对 C18 混凝土而言,修复剂用量相同时,在 7 d 龄期混凝土表面涂抹修复剂静置至 28 d 时混凝土弹性模量比 3 d 龄期涂抹时的高出 8.78%,14 d 龄期涂抹时比 7 d 龄期涂抹的高出 7.18%;涂抹时间相同,静置至

28 d 时,用量为 0.9 kg/m² 的试块的弹性模量比用量为 0.6 kg/m² 的高出 2% ~6%。在 28 d 龄期混凝土涂抹修复剂,当静置时间相同时,用量为 0.6 kg/m² 的试块的弹性模量比用量为 0.3 kg/m² 的高出 2%~5%。

（3）修复剂对低强混凝土抗碳化性能的促进作用随涂抹时间、静置时间和修复剂用量的改变而改变。对 C18 混凝土来说,早期涂抹修复剂静置至 28 d 的碳化深度减小幅度随涂抹时间的增长而减小,但幅度差值甚微;28 d 龄期涂抹后的静置时间对修复剂的促进作用影响不明显。修复剂对低强混凝土抗碳化性能的促进作用随修复剂用量的增大而提高,尤其是 28 d 涂抹时,用量为 0.6 kg/m² 的试块的抗碳化性能比 0.3 kg/m² 的高出 10%。

（4）低强混凝土的抗渗透性能随龄期的增长而提高,且涂抹修复剂后混凝土的抗渗透性能明显提高。在早龄期和 28 d 混凝土表面涂抹修复剂静置一段时间后,C18 和 C25 混凝土的抗渗透性能明显提高,且提高率随修复剂用量的增加而提高,以 C18 混凝土为例,用量为 0.6 kg/m² 的试块的抗渗透性能比用量为 0.3 kg/m² 的高 10%,用量为 0.9 kg/m² 的比用量为 0.6 kg/m² 的高 7%。早期涂抹时,涂抹时间对混凝土抗渗透性能的促进作用随涂抹时混凝土龄期的增长而减小;在 28 d 龄期混凝土表面涂抹相同用量的修复剂后,静置时间对修复剂促进低强混凝土抗渗透性能的作用影响不大。

6.1.2 高温后混凝土性能促进恢复研究

（1）早龄期和 28 d 混凝土经过不同高温后,喷水冷却试块的抗压强度均低于自然冷却试块;随静置时间点的延长高温后试块抗压强度先降低,达到最低点后,缓慢回升,逐渐趋于平稳。

（2）在高温后混凝土表面涂抹修复剂可以恢复早龄期和 28 d 混凝土高温后抗压强度,且修复剂的恢复作用随高温温度、静置时间点和冷却方式等因素的变化而变化。高温温度越高,修复剂对高温后试块抗压强度的恢复作用越明显;修复剂对早龄期混凝土高温后抗压强度的恢复作用在静置至 35 d 时最好,对 28 d 混凝土高温后抗压强度的恢复效果的最大值出现在静置至 42 d 时,此后随静置时间的延长恢复作用减缓;高温温度为 200 ℃和 300 ℃时,修复剂对喷水冷却试块抗压强度的恢复作用好于自然冷却试块,超过 300 ℃后对自然冷却试块抗压强度的恢复作用好于喷水冷却。

（3）混凝土遭受高温温度越高,高温后的抗碳化性能越差;高温后混凝土抗碳化性能随静置时间的延长而得到一定的恢复;喷水冷却试块的抗碳化性能劣于自然冷却试块;涂抹修复剂试块的抗碳化性能优于无修复剂试块。

（4）早龄期和 28 d 混凝土的抗渗透性能随温度的升高呈现增长—稳定—

迅速下降的趋势,且喷水冷却试块的抗渗透性能均低于自然冷却试块。

(5) 涂抹修复剂可以恢复早龄期和 28 d 混凝土的抗渗透性能,其恢复作用随温度、冷却方式和静置时间点的变化规律为:高温温度越高,修复剂对高温后混凝土抗渗透性能的恢复作用越好;静置前期修复剂对喷水冷却试块抗渗透性能的恢复作用优于自然冷却试块,静置后期对自然冷却试块的恢复作用优于喷水冷却试块;对早龄期高温混凝土而言,静置至 35 d 时,修复剂的恢复作用最好,对 28 d 高温混凝土,静置至 42 d 时,修复剂的恢复作用最好。

(6) 从微观来看,早龄期混凝土高温后混凝土内部物质单一,$Ca(OH)_2$ 分解,结构疏松,静置一段时间后,混凝土内生成新的物质,发生二次水化,性能得到一定恢复,涂抹修复剂后,混凝土表层的密实度得到了提高,且修复剂促进了高温后混凝土内部物质的二次水化反应,生成新的物质,从而更好地促进了早龄期混凝土性能的恢复。

6.1.3 早龄期混凝土高温后性能的恢复研究

(1) 早龄期和 28 d 混凝土经过不同高温后,喷水冷却试块的抗压强度均低于自然冷却试块;高温后试块抗压强度随静置时间的延长先降低,达最低点后缓慢回升,并逐渐趋于平稳;高温温度对 3 d 龄期混凝土抗压强度的影响最大,对 7 d 龄期混凝土的影响其次,对 14 d 龄期混凝土的影响最小。

(2) 涂抹修复剂可恢复改善高温后混凝土抗压强度,且修复剂的恢复改善作用随高温温度、静置时间和冷却方式等因素的变化而变化。高温温度越高,修复剂的恢复作用越明显;对早龄期高温混凝土而言,修复剂对高温后混凝土抗压强度的恢复作用在 35 d 时最好,对 28 d 混凝土而言修复剂的恢复作用在 42 d 时最好,此后随静置时间的延长而减缓;高温温度为 200 ℃ 和 300 ℃ 时,修复剂对喷水冷却试块抗压强度的促进作用优于自然冷却试块,温度超过 300 ℃ 后,对自然冷却试块抗压强度的恢复作用优于喷水冷却试块。

(3) 高温后混凝土的抗碳化性能随高温后静置时间的延长而得到逐渐恢复;喷水冷却试块抗碳化性能低于自然冷却。涂抹修复剂后,混凝土的抗碳化性能得到了一定的恢复。

(4) 早龄期和 28 d 混凝土的抗渗透性能随高温温度的升高呈现增长—稳定—迅速下降的趋势,且喷水冷却试块的抗渗透性能均劣于自然冷却试块。

(5) 涂抹修复剂可以恢复早龄期和 28 d 混凝土的抗渗透性能,高温后混凝土抗渗透性能的恢复随高温温度、冷却方式和静置时间点的变化规律为:高温温度越高,修复剂对高温后混凝土抗渗透性能的恢复改善作用越好;静置前期修复剂对高温后喷水冷却试块的抗渗透性能的恢复作用优于自然冷却,静置后期自然冷却优于喷水冷却；静置至 35 d 时，修复剂对早龄期混凝土高温后抗渗透性能的恢复作用最好，静置至 42 d 时，修复剂对 28 d 龄期混凝土高温后抗渗透性能的恢复作用最好。

6.1.4 受硫酸盐侵蚀混凝土性能的改善研究

（1）在受硫酸盐侵蚀混凝土表面涂抹修复剂可以改善其性能，但不同修复剂及用量对受硫酸盐侵蚀混凝土性能的改善效果不同，B 型修复剂对受硫酸盐侵蚀混凝土性能的改善效果最好。受硫酸盐侵蚀 30 d 混凝土静置 7 d 时，表面分别涂抹 0.3 kg/m² 和 0.6 kg/m² L 型修复剂和 0.3 kg/m² B 型修复剂试块的抗压强度分别比无修复剂试块的抗压强度提高了 0.09%、2.48% 和 4.70%，B 型修复剂对受硫酸盐侵蚀混凝土抗压强度的改善效果比 L 型的高出 3%～5%。

（2）受硫酸盐侵蚀混凝土抗压强度随侵蚀时间的延长先升高后降低，侵蚀 30 d、60 d 混凝土的抗压强度比水养 30 d、60 d 的抗压强度提高了 2.92% 和 1.75%；侵蚀 90 d 时抗压强度比水养 90 d 的降低了 3.51%。侵蚀后混凝土的抗压强度随静置时间的延长先升高再下降，如侵蚀 30 d 混凝土，静置 7 d 时抗压强度升高了 15.79%，静置 28 d 的抗压强度比静置 7 d 的降低了 4.29%，静置 56 d 的抗压强度比静置 7 d 的降低了 8.59%。

（3）表面涂抹修复剂可以改善提高受硫酸盐侵蚀混凝土的抗压强度，且抗压强度的改善随静置时间的变化规律为：静置时间越久，改善作用越明显，修复剂对侵蚀 60 d 混凝土静置 56 d 试块的抗压强度的提高率比静置 7 d 和 28 d 的分别高出 8.00% 和 6.02%；对侵蚀 90 d 混凝土的抗压强度的改善作用最好，对侵蚀 30 d 混凝土的改善作用其次，对侵蚀 60 d 混凝土的改善作用最差，修复剂对侵蚀 90 d 混凝土的抗压强度的提高率分别比侵蚀 30 d 和 60 d 的高出 0.20% 和 4.68%。

（4）受硫酸盐侵蚀混凝土的抗碳化性能随侵蚀时间的延长的变化规律为：侵蚀时间为 30 d 和 60 d 时侵蚀后混凝土的抗碳化性能提高，侵蚀时间为 90 d 时，抗碳化性能下降；侵蚀后混凝土抗碳化性能随静置时间的变化趋势为先升高再下降，如侵蚀 30 d 混凝土静置 7 d 时加速碳化 14 d 后的碳化深度比侵蚀后的降低了 1.43 mm，静置 28 d 的碳化深度比静置 7 d 的增加了 1.21 mm，静置 56 d 的比静置 7 d 的增加了 1.58 mm。

（5）修复剂对受硫酸盐侵蚀混凝土抗碳化性能的改善随侵蚀时间和涂抹修复剂后静置时间的变化而变化。对侵蚀 90 d 混凝土的抗碳化性能的改善效果最好，对侵蚀 30 d 混凝土的改善效果其次，对侵蚀 60 d 混凝土的改善效果最差，修复剂对侵蚀 90 d 混凝土的碳化深度的降低率分别比侵蚀 30 d 和 60 d 的高出

3.15％和6.57％；随静置时间的延长，改善作用趋于平稳，如侵蚀60 d的混凝土，涂抹修复剂试块静置7 d、28 d和56 d的碳化深度比未涂抹修复剂试块的降低了5.01％、5.30％和5.47％。

(6) 受硫酸盐侵蚀30 d和60 d混凝土的抗渗透性能提高，侵蚀90 d的抗渗透性能降低；侵蚀30 d和60 d混凝土的抗渗透性能随静置时间的变化趋势为先提高后下降，侵蚀90 d混凝土的抗渗透性能随静置时间延长而下降。

(7) 修复剂对受硫酸盐侵蚀混凝土抗渗透性能的改善作用随侵蚀时间和侵蚀后静置时间的变化而变化。修复剂对侵蚀90 d混凝土的抗渗透性能的改善效果最好，对侵蚀60 d混凝土的改善效果最差，侵蚀30 d、60 d和90 d混凝土静置7 d时，修复剂对侵蚀90 d混凝土的氯离子渗透系数的降低率分别比侵蚀30 d和60 d的高出3.89％和10.03％；随静置时间的延长，改善作用逐渐增强，修复剂对侵蚀30 d混凝土静置56 d的氯离子渗透系数的降低率比静置7 d和28 d的高出6.58％和4.13％。

6.2 展望

本书主要研究了低强、早龄期高温后以及受硫酸盐侵蚀混凝土性能在修复剂作用下的改善与提高，由于理论水平、试验条件和时间限制，还有许多因素和研究方向没有涉及。作为一个复杂的、综合性很强的研究课题，劣化混凝土性能的改善研究还有待深入的探讨和完善，还可以对以下几个方面做进一步的研究：

(1) 本书低强混凝土配合比是按正常条件下配合比设计的，实际工程中可能会存在水灰比不当或材料原因导致的强度不高，由配合比不当或施工工艺不正确等复杂原因造成的混凝土性能降低情况可做进一步的研究和对比。

(2) 修复剂对混凝土构件如柱等受压构件的性能促进作用可进行尝试性研究。

(3) 早龄期和28 d混凝土高温后性能随静置时间的变化而变化，在不同的静置时间涂抹修复剂对高温后性能的恢复促进如何，可作为今后研究的一个方向。

(4) 受侵蚀混凝土的研究中只进行了硫酸盐长期侵蚀试验，对于干湿循环下混凝土性能的改善可进行进一步的研究。

(5) 自然界中混凝土受到侵蚀的原因与因素有很多种，尤其是在自然界中已受到侵蚀的混凝土的性能的改善，是今后研究的重点方向。

(6) 劣化混凝土性能在修复剂作用下得到了一定的提高与改善，对修复剂与劣化混凝土反应机理以及微观分析展开进一步研究，可为修复剂的发展及劣化混凝土性能的进一步改善起到重要作用。

参 考 文 献

[1] 覃维祖. 混凝土结构耐久性的整体论[J]. 建筑技术,2003,34(1):19-22.

[2] AITCIN P C. Cements of yesterday and today[J]. Cement and concrete research,2000,30(9):1349-1359.

[3] KHAN M I, LYNSDALE C J. Strength,permeability,and carbonation of high-performance concrete[J]. Cement and concrete research,2002,32(1):123-131.

[4] 陈昌明,刘志平,等. 建筑事故防范与处理实用全书[M]. 北京:中国建材工业出版社,1998.

[5] MBESSA M,PEAR J. Durability of high-strength concrete in ammonium sulfate solution[J]. Cement and concrete research,2001,31(8):1227-1231.

[6] TORRES S M,SHARP J H,SWAMY R N,et al. Long term durability of Portland-limestone cement mortars exposed to magnesium sulfate attack [J]. Cement and concrete composites,2003,25(8):947-954.

[7] 卢木. 混凝土耐久性研究现状和研究方向[J]. 工业建筑,1997,27(5):1-6.

[8] 蒋元驹,韩素芳. 混凝土工程病害与修补加固[M]. 北京:海洋出版社,1996.

[9] 周素真,江仪贞,徐云修. 建筑物老化病害评估方法的综合研究[R]. 1993.

[10] 郑代华,杨庆生. 复合材料在土木工程中的应用现状[J]. 北方交通大学学报,1999,23(4):96-100.

[11] 刘健. 新老混凝土粘结的力学性能研究[D]. 大连:大连理工大学,2000.

[12] 何真,梁文泉. 大体积混凝土中微膨胀剂的抗裂作用[J]. 武汉大学学报(工学版),2001,34(2):73-76.

[13] 邵筱梅,高世龙,李英男. 混凝土结构耐久性的评述[J]. 房材与应用,2003,31(3):38-39.

[14] 孙建平,陈苏. 略述美国永凝液对混凝土耐久性的防护及应用效果[J]. 福建建材,2006(2):36-38.

[15] JACOBSEN S,SELLEVOLD E J,MATALA S. Frost durability of high strength concrete:effect of internal cracking on ice formation[J]. Cement

and concrete research,1996,26(6):919-931.

[16] 吴秉军.低强度混凝土的高性能化及施工质量控制[J].交通科技,2010,6(6):69-71.

[17] 吴秉军.低强度混凝土的高性能化试验研究[J].公路交通科技(应用技术版),2010,6(11):150-152.

[18] 刘松柏,周玉军,张晨钟,等.低强度等级混凝土高性能化工程应用[J].福建建筑,2009(12):99-100.

[19] 高杰.表面涂抹阻锈剂对低强度混凝土耐久性影响的试验研究[J].混凝土,2011(7):140-142.

[20] 施海彬,王赫.结构混凝土强度不足事故的分析与处理建议[J].建筑技术,2005,36(10):789-790.

[21] 苏少华,李延和,李树林.低强度混凝土结构加固技术的应用[J].工业建筑,2002,32(4):12-15.

[22] 吴广泽.超低强度混凝土现浇框架结构的补强加固[J].建筑技术,2007,38(2):97-99.

[23] 李敏,钱春香,王珩,等.高强混凝土受火后力学性能变化规律的研究[J].硅酸盐学报,2003,31(11):1116-1120.

[24] 吕天启,赵国藩,林志伸.高温后静置混凝土力学性能试验研究[J].建筑结构学报,2004,25(1):63-70.

[25] 林志明,张雄,严安,等.高强高性能混凝土的耐火极限及其火灾后的力学性能和耐久性[J].工程力学,2002(增刊):538-542.

[26] GHANDEHARI M,BEHNOOD A,KHANZADI M. Residual mechanical properties of high-strength concretes after exposure to elevated temperatures[J].Journal of materials in civil engineering,2010,22(1):59-64.

[27] 宿晓萍,隋艳娥,赵万里.高温后混凝土力学性能的对比分析[J].长春工程学院学报(自然科学版),2001,2(3):23-28.

[28] 朱玛,徐志胜,徐彧.高温后混凝土强度实验研究[J].湘潭矿业学院学报,2000,15(2):70-72.

[29] DEMIE S,NURUDDIN M F,AHMED M F,et al. Effects of curing temperature and superplasticizer on workability and compressive strength of self-compacting geopolymer concrete[C]//2011 National Postgraduate Conference. Perak,Malaysia. IEEE,2011:1-5.

[30] KHALAF F M,DEVENNY A S. Performance of brick aggregate concrete at high temperatures[J]. Journal of materials in civil engineering,2004,

16(6):556-565.

[31] 吕天启,赵国藩,林志伸,等.高温后静置混凝土的微观分析[J].建筑材料学报,2003,6(2):135-141.

[32] 肖建庄,任红梅,王平.高性能混凝土高温后残余抗折强度研究[J].同济大学学报(自然科学版),2006,34(5):580-585.

[33] 阎慧群.高温(火灾)作用后混凝土材料力学性能研究[D].成都:四川大学,2004.

[34] HSUANCHIH Y,YICHING L,CHIAMEN H,et al. Evaluating residual compressive strength of concrete at elevated temperatures using ultrasonic pulse velocity[J]. Fire safety journal,2009,44(1):121-130.

[35] 邵伟,陈有亮,周有成.不同温度及不同加热时间作用后混凝土力学性能试验研究[J].防灾减灾工程学报,2012,32(2):248-252.

[36] 马保国,穆松,高英力,等.掺矿物掺合料盾构管片混凝土的高温性能研究[J].重庆建筑大学学报,2008,30(1):125-128.

[37] 王文兵,范宏亮.高温对混凝土力学性能的影响分析[J].矿业快报,2008,24(9):50-52.

[38] 王爱军.高温对混凝土力学性能影响的试验分析[J].中小企业管理与科技(下旬刊),2011(12):174.

[39] TIAN A S. Influence of different high temperature and heated time on properties of concrete[J]. Advanced materials research,2011,299/300:159-162.

[40] NOUMOWE A. Mechanical properties and microstructure of high strength concrete containing polypropylene fibres exposed to temperatures up to 200 ℃ [J]. Cement and concrete research,2005,35(11):2192-2198.

[41] 宋百姓,柯国军,杨卉.高温作用后混凝土的性能研究进展[J].工程质量,2012,30(4):35-39.

[42] TRAVIS Q B,MOBASHER B. Correlation of elastic modulus and permeability in concrete subjected to elevated temperatures[J]. Journal of materials in civil engineering,2010,22(7):735-740.

[43] SABEUR H,COLINA H,BEJJANI M. Elastic strain,Young's modulus variation during uniform heating of concrete[J]. Magazine of Concrete Research,2007,59(8):559-566.

[44] 鹿少磊.三大系列水泥混凝土的高温性能比较研究[D].北京:北京交通大

学,2009.

[45] 董衍伟.混杂纤维混凝土高温和碳化性能试验研究[D].泉州:华侨大学,2009.

[46] 李敏,钱春香.高强混凝土受火后抗渗透性能衰减规律[J].东南大学学报(自然科学版),2006,36(5):825-830.

[47] 张奕,金伟良.火灾后混凝土结构耐久性的若干研究[J].工业建筑,2005,35(8):93-96.

[48] 黄战,邢锋,邢媛媛,等.混凝土结构火灾后的耐久性研究[C]//第二届结构工程新进展国际论坛论文集.大连,2008:444-451.

[49] ZI W,YU Z W. Durability evaluation of post-fire concrete structure based on carbonation[C]//2011 International Conference on Consumer Electronics, Communications and Networks (CECNet). Xianning, China. IEEE,2011:1175-1177.

[50] NATH P, SARKER P. Effect of fly ash on the durability properties of high strength concrete[J]. Procedia engineering,2011,14:1149-1156.

[51] 黄玉龙,潘智生,胥亦刚,等.火灾高温对 PFA 混凝土强度及耐久性的影响[C]//吴中伟院士从事科教工作六十年学术讨论会论文集,北京,2004:97-100.

[52] 张奕.火灾后混凝土结构耐久性研究[D].杭州:浙江大学,2005.

[53] 资伟,余志武.火灾后混凝土结构碳化剩余寿命预测研究[C]//第七届全国混凝土耐久性学术交流会论文集,宜昌,2008:220-225.

[54] 孙洪梅,王立久,曹明莉.高铝水泥耐火混凝土火灾高温后强度及耐久性试验研究[J].工业建筑, 2003,33(9):60-62.

[55] TORII K,TANIGUCHI K,KAWAMURA M. Sulfate resistance of high fly ash content concrete[J]. Cement and concrete research,1995,25(4):759-768.

[56] POON C S,AZHAR S,ANSON M,et al. Comparison of the strength and durability performance of normal- and high-strength pozzolanic concretes at elevated temperatures[J]. Cement and concrete research,2001,31(9):1291-1300.

[57] 刘芳.表面成膜型涂料对混凝土保护层性能的影响研究[D].南京:南京林业大学,2008.

[58] 吕林女,何永佳,丁庆军,等.混凝土的硫酸盐侵蚀机理及其影响因素[J].焦作工学院学报(自然科学版),2003,22(6):465-468.

[59] 巩鑫.混凝土抗硫酸盐侵蚀试验研究[D].大连:大连理工大学,2009.

[60] 方祥位,申春妮,杨德斌,等.混凝土硫酸盐侵蚀速度影响因素研究[J].建筑材料学报,2007,10(1):89-96.

[61] 吴长发.水泥混凝土抗硫酸盐侵蚀试验方法研究[D].成都:西南交通大学,2007.

[62] 李秀娟.硫酸盐侵蚀机理及抗硫酸盐侵蚀测试方法的研究[D].唐山:河北理工学院,2004.

[63] 金祖权,赵铁军,孙伟.硫酸盐对混凝土腐蚀研究[J].工业建筑,2008,38(3):90-93.

[64] 余剑英,董连宝,孔宪明.我国建筑防水涂料的现状与发展[J].新型建筑材料,2004,31(10):28-32.

[65] 张文渊.用环氧厚浆涂料防混凝土碳化[J].粘接,2003,24(5):51-52.

[66] 石亮,刘建忠,刘加平.聚合物涂层对混凝土碳化的影响及作用机理[J].东南大学学报(自然科学版),2010,40(增刊2):208-213.

[67] 李娜,乔保国,孟献璧.混凝土修补胶提升混凝土耐久性的探讨[J].山西建筑,2007,33(26):110-111.

[68] 黄微波,马红亮,李志高.聚氨酯和聚脲涂层对混凝土氯离子渗透性的影响[J].混凝土,2011(6):94-96.

[69] 黄淑贞,弓国军.适用于水下混凝土结构的高性能注浆修补材料的抗氯离子渗透性能试验研究[J].混凝土,2008(12):11-14.

[70] 刘芳,王元纲,赵苏政.表面成膜型涂料对混凝土碳化性能的影响研究[J].中国水运(下半月刊),2010,10(11):247-248.

[71] 张伟,史琛,项志敏,等.改性有机硅涂料对混凝土耐久性的影响[J].混凝土,2010(8):73-75.

[72] 畅亚文,何廷树,宋学锋.疏水型改性有机硅涂料对混凝土耐久性的影响[J].铁路技术创新,2011(3):101-103.

[73] 朱桂红,郭平功,赵铁军.有机硅防水剂对氯盐侵蚀混凝土的防护效果研究[J].混凝土,2007(11):58-60.

[74] 萧以德,刘玉军,周蝉,等.水性氟碳涂层体系对混凝土建筑的防护性能研究[J].涂料技术与文摘,2010,31(9):13-20.

[75] 李悦,杜修力,闫茜茜,等.水泥基渗透结晶型材料对混凝土的修复效果[J].建材世界,2010,31(5):1-3.

[76] 吉伯海,张宇峰,彭昌宪.环保型裂缝修复材料对混凝土耐化学侵蚀和抗冻融性能的影响[J].混凝土与水泥制品,2009(4):48-51.

［77］吉伯海,张宇锋,彭昌宪.环保型裂缝修复材料对混凝土构件基本性能的影响[J].混凝土与水泥制品,2009(3):51-53.

［78］吉伯海,张宇峰,彭昌宪.环保型裂缝修复材料对混凝土碱集料反应的抑制效果[J].混凝土与水泥制品,2009(5):49-51.

［79］吴建华,邓少桢,张加运,等.水泥基渗透结晶材料对提高混凝土抗碳化性能影响研究[J].混凝土,2011(10):85-86.

［80］韩雪莹,张新,杨亮,等.水泥基渗透结晶型防水材料提高混凝土耐久性试验研究[J].中国建筑防水,2006(8):18-20.

［81］孙学志,王元纲,赵苏政.混凝土涂料对混凝土碳化性能影响的研究[J].江苏建筑,2008(2):65-67.

［82］孙学志.渗透结晶型涂料对普通混凝土抗渗性能的影响[J].新型建筑材料,2011,38(4):53-55.

［83］余剑英,王桂明.水泥基渗透结晶型防水涂料抗渗性试验方法比较[J].新型建筑材料,2006,33(3):37-39.

［84］余剑英,王桂明.YJH渗透结晶型防水材料耐化学侵蚀和抗冻融循环的研究[J].中国建筑防水,2004(10):14-16.

［85］王桂明,余剑英.YJH材料性能及其对混凝土微观结构的影响[J].材料科学与工艺,2006,14(3):272-274.

［86］陶新明,黄金荣,吴璟,等.无机水性渗透结晶型高效防护剂对混凝土耐久性能的影响研究[J].中国建筑防水,2010(18):17-20.

［87］梁晓烨.水性渗透型无机防水剂对混凝土耐久性的影响[D].长沙:长沙理工大学,2009.

［88］石正国,郭辉,彭鹏飞.渗透结晶材料对混凝土耐久性的影响研究[J].混凝土与水泥制品,2012(3):14-17.

［89］胡春红,赵铁军,苏卿.严酷环境混凝土结构耐久性修复材料:应变硬化水泥基复合材料耐久性能研究进展[J].混凝土,2010(9):101-103.

［90］邓德华,唐铁军.深度渗透密封剂(DPS)对混凝土及其结构的防护作用[J].广州建筑,2008,36(5):11-16.

［91］黄波,邓德华,陈蕙玉.深度渗透密封剂(DPS)对混凝土抗硫酸盐侵蚀性能的影响[J].中南大学学报(自然科学版),2011,42(12):3858-3863.

［92］LI Q T,LI Z G. Investigation on the recovery of compressive strength of concrete exposed to high temperature [J]. Proceedings of Japan concrete institute, 2010,32(1): 1163-1168.

［93］LI Q T,LI Z G. Repair of fire-damaged concrete:improvement of carbonation resistance [J]. Proceedings of Japan concrete institute,2009,31(1): 983-990.

[94] ALMUSALLAM A A,KHAN F M,DULAIJAN S U,et al. Effectiveness of surface coatings in improving concrete durability[J]. Cement and concrete composites,2003,25(4/5):473-481.

[95] IBRAHIM M, AL-GAHTANI A S,MASLEHUDDIN M,et al. Effectiveness of concrete surface treatment materials in reducing chloride-induced reinforcement corrosion[J]. Construction and building materials,1997,11 (7/8):443-451.

[96] MOON H Y,SHIN D G,CHOI D S. Evaluation of the durability of mortar and concrete applied with inorganic coating material and surface treatment system [J]. Construction and building materials, 2007, 21 (2): 362-369.

[97] IBRAHIM M,AL-GAHTANI A S, MASLEHUDDIN M, et al. Use of surface treatment materials to improve concrete durability[J]. Journal of materials in civil engineering,1999,11(1):36-40.

[98] HO D W S,HARRISON R S. Influence of surface coatings on carbonation of concrete[J]. Journal of materials in civil engineering, 1990, 2 (1): 35-44.

[99] LEUNG C K Y,ZHU H G,KIM J K,et al. Use of polymer/organoclay nanocomposite surface treatment as water/ion barrier for concrete[J]. Journal of materials in civil engineering,2008,20(7):484-492.

[100] MOBIN M,MALIK A U,AL-MUAILI F,et al. Performance evaluation of a commercial polyurethane coating in marine environment[J]. Journal of materials engineering and performance,2012,21(7):1292-1299.

[101] SWAMY R N,TANIKAWA S. An external surface coating to protect concrete and steel from aggressive environments [J]. Materials and structures,1993,26(8):465-478.

[102] GÍSLASON R S. Low permeability facade coatings reduce moisture in concrete[J]. Surface coatings international,2000,83(2):59-66.

[103] FATTUHI N I. Carbonation of concrete as affected by mix constituents and initial water curing period[J]. Materials and structures,1986,19(2): 131-136.

[104] 谭银龙.高温后混凝土性能促进恢复及其机理研究[D].徐州:中国矿业大

学,2014.

[105] 曹蓓蓓,梁志刚.高温条件下混凝土结构与性能的变化[J].国外建材科技,2004,25(6):17-21.